Lexikon der TRAKTOREN

KOMET

Autor: Udo Paulitz
Gesamtherstellung: Komet Verlag GmbH, Köln

ISBN 3-89836-506-9
www.komet-verlag.de

Inhalt

Einführung 6

Traktoren von A–Z 14

Register 286

Einleitung

Der Ackerschlepper war im Grundaufbau ein auf Räder gesetzter Motor, der die tierische Zugkraft auf dem Acker ersetzen sollte. Am Anfang der Entwicklung stand die Erfindung der Dampfmaschine, die das zum Ende des 18. Jahrhunderts in Westeuropa beginnende Industriezeitalter überhaupt erst ermöglichte.

Dieses Bild zeigt ein 1862 von der Maschinenfabrik R. Wolf in Magdeburg-Buckau gebautes Lokomobil, eine Dampfmaschine auf Rädern.

Es blieb nicht aus, dass die Dampfkraft schon bald Einzug in die Landwirtschaft hielt, die damals für das Überleben eines Staates und seiner Bevölkerung eine viel bedeutendere Rolle spielte als heute im Zeitalter globaler Märkte. Ab 1811 wurden erstmals in England bewegliche Lokomobile zum Antrieb von Getreidemühlen, Dreschmaschinen, Strohpressen und anderen landwirtschaftlichen Arbeitsgeräten eingesetzt.

In England ließ John Fowler 1856 seine Erfindung patentieren, mit der ein an Seilen befestigter Kipppflug abwechselnd von zwei an gegenüberliegenden Feldrändern stehenden Dampflokomobilen hin und her gezogen werden konnte. Die Verbesserung dieses Verfahrens war dem deutschen Ingenieur und Techniker Max Eyth, einem früheren Mitarbeiter Fowlers, zu verdanken, der das System der Dampfseilpflüge optimierte, sodass eine weltweite Verbreitung stattfinden konnte. Das System der stationären Dampfseilpflüge war allerdings sehr aufwändig und allein schon aufgrund der hohen Anschaffungskosten nur etwas für Großbetriebe. Außerdem mussten die zu bearbeitenden Felder weitgehend eben sein. Damals wurde errechnet, dass die Voraussetzung für einen ökonomischen Einsatz derartiger Maschinen eine jährlich zu pflügende Ackerfläche von mindestens 400 ha sei. Diese entscheidenden Nachteile standen einer flächendeckenden Verbreitung in Deutschland – ganz im Gegensatz zu Nordamerika – im Wege.

Die Entwicklung der Motorentechnik

Ganz andere Möglichkeiten eröffneten sich mit der Erfindung des Verbrennungsmotors gegen Ende des 19. Jahrhunderts. Bereits 1862 hatte Nikolaus August Otto einen Gasmotor entwickelt. Dieser Motor war die Basis für den ersten Viertakt-Benzinmotor – nach ihm auch Otto-Motor genannt –, den er 1876 erfand. Nahezu zeitgleich baute Gottlieb Daimler Viertakt-Benzinmotoren, die er später in seinen Kraftwagen verwendete. 1890 wurde von den Engländern Hornsby und Akroyd der Zweitakt-Glühkopfmotor erfunden, der den Vorteil besaß, dass er mit billigem Schweröl betrieben werden konnte. Er sollte später in den legendären Lanz-Bulldogs weltweite Verbreitung finden. Last but not least sei noch Rudolf Diesel erwähnt, der 1897 den nach ihm benannten, heute in allen Schleppern verwendeten Dieselmotor entwickelte.

Eine interessante Erfindung für die Mechanisierung der Landwirtschaft ist zweifellos der Dampfpflug des Engländers John Fowler.

Der Vorreiter bei der Konstruktion selbstfahrender Bodenbearbeitungsgeräte war eindeutig Amerika. Im Jahr 1889 wurden erstmals Verbrennungsmotoren auf ein Dampfschlepper-Fahrgestell des Herstellers Rumely gesetzt. Wenige Jahre später begannen weitere Hersteller, Traktoren mit dieser Antriebsart zu produzieren, und überall in der Welt entstanden damals Unternehmen, die sich auf den Bau landwirtschaftlicher Geräte und Maschinen spezialisierten, u.a. Landini, Case, McCormick, Deere, Ford, Deering und weitere, von denen später noch die Rede sein soll. Sie alle legten die Grundlagen für die später weltweit stattfindende Landwirtschaftsmechanisierung. Im übrigen wurde die Bezeichnung „Traktor" erstmals im Jahr 1906 von der Firma Hart-Parr verwendet. Das Zentrum des Traktorenbaus vor dem Ersten Weltkrieg bildeten die USA, da die dortige Landwirtschaft die besten Voraussetzungen für die schnelle Verbreitung dieser neuen, teilweise schon in Serien mit beachtlichen Stückzahlen gefertigten Benzintraktoren bot.

Von Pfluglokomotiven und Motortragpflügen

In Deutschland beschäftigte sich die Gasmotorenfabrik Deutz in Köln mit der Entwicklung einer so genannten Pfluglokomotive mit Verbrennungsmotor, die 1907 vorgeführt werden konnte. Ihr Kraftstoffverbrauch nach zehnstündiger Pflugarbeit lag bei fast 200 Litern Benzin. Einen anderen Weg beschritt die Firma Lanz in Mannheim, die den Landbaumotor, eine von dem ungarischen Konstrukteur Köszegi entwickelte schwere Bodenfräse, mit der Moor- und Heideflächen urbar gemacht werden konnten, in Serie herstellte.

Dies war auch die große Zeit der Motortragpflüge, Maschinen mit starrem Tragrahmen und zwei großen Antriebsrädern. Vor diesen war der Motor angeordnet. Das Pflugteil mit den fest montierten Scharen befand sich am hinteren Fahrzeugteil, welches gleichzeitig über ein lenkbares Stützrad verfügte. Der erste Tragpflug wurde von dem Fabrikanten und Gutsbesitzer Robert Stock im Jahr 1908 auf die Räder gestellt. Da sich die Tragpflüge im Einsatz gut bewährten, befassten sich schon bald mehrere Firmen, darunter auch Hanomag aus Hannover, mit dem Bau solcher Geräte. Die Flächenleistung dieser Maschinen übertraf die Möglichkeiten von Gespannpflügen bei weitem, allerdings hatten sie einen großen Nachteil: Nur ein Großbetrieb konnte sich eine solche Ackerbau-Maschine leisten oder sie mieten.

Henry Fords wegweisende Entwicklung des Ackerschleppers

Das Erfordernis, eine Kraftmaschine auch für kleine Betriebe herzustellen, die zudem universell als Zug- und Antriebsmaschine eingesetzt werden konnte, wurde immer dringender. Bereits 1906 hatte Henry Ford einen Kleinschlepper entwickelt, der das Vorderteil eines Autos und hinten die Räder eines Bindemähers verwendete. Daraus entwickelte sich ein leichter Ackerschlepper, der erstmals die auch heute noch gültigen Grundsätze wie Blockkonstruktion und geringes Gewicht in sich vereinte. 1917 ging der mit einem Vergasermotor und einem Dreiganggetriebe mit Rückwärtsgang bestückte Fordson-Schlepper in Großserie. Mit diesem durch Fließbandfertigung recht preiswert angebotenen Fahrzeug konnte der Landwirt nicht nur Pflügen, sondern auch alle übrigen Feldarbeiten verrichten. Durch seine Riemenscheibe war der Fordson auch als Stationärmotor zum Antrieb von Maschinen verwendbar. Außerdem konnte er als Zugmaschine für Ackerwagen und Geräte eingesetzt werden. Das Erscheinen des Fordson markierte für den landwirtschaftlichen Ackerschlepper quasi die Stunde Null. Es war eine in jeder Hinsicht wegweisende Konstruktion, und daher nimmt es nicht Wunder, dass der Fordson-Schlepper über viele Jahre hinweg weltweit Vorbild für fast alle Konstruktionen wurde.

Die Lanz-Dreschmaschine aus dem Jahr 1929 – hier in einer Vorführung auf einem historischen Feldtag – wird über einen langen Flachriemen angetrieben.

Die Mechanisierung der Landwirtschaft in Deutschland

In Deutschland brachte fast zur gleichen Zeit die Firma Heinrich Lanz in Mannheim ihren legendären Bulldog mit Zweitakt-Glühkopfmotor hervor, der damit die rund 40-jährige Produktionsdauer dieses ständig verbesserten Antriebssystems einleitete. In seiner ersten Ausführung war er zum Antrieb und Transport von Dreschmaschinen gedacht, 1924 folgte der für Ackerarbeit vorgesehene Knicklenker-Bulldog mit Vierradantrieb. Ein weiterer wichtiger Traktor war der WD-Radschlepper von Hanomag, der dem Fordson zwar nachempfunden, diesem aber in vieler Hinsicht überlegen war.

Insgesamt brachten die 1930er Jahre dem Schlepperbau einen großen Aufschwung – und das nicht nur in Deutschland. Eine herausragende Konstruktion war der seit 1936 gefertigte Bauernschlepper von Deutz, mit dem endlich dem Kleinbauern ein geeignetes Fahrzeug geboten wurde, das er sich zumeist auch leisten konnte. Dieser und ähnlich gestaltete Traktoren vieler Mitbewerber leiteten gerade in den Kleinbetrieben den ersten nachhaltigen Motorisierungsschub ein.

Die fünfziger Jahre: Schlepper für grosse und kleine Betriebe

Nach dem Zweiten Weltkrieg setzte vor allem auf dem Sektor der Kleinschlepper eine stürmische Nachfrage nach Traktoren ein und begleitete die zweite Motorisierungswelle, die dem Traktor in Deutschland zum endgültigen und flächendeckenden Durchbruch verhalf. Damals war der Markt uneingeschränkt aufnahmefähig, und die Neuzulassungen erreichten unfassbare Spitzenwerte. Das ermunterte viele Kleinanbieter, mit einfach zu fertigenden Traktoren auf den Markt zu treten.

Aber schon gegen Ende der 1950er Jahre sättigte sich der Markt zusehends, und neue Mitbewerber aus dem Ausland, die mit kostengünstigen Angeboten Marktanteile zu erobern suchten, traten hinzu. Viele Mitbewerber konnten aufgrund ihres ungenügend ausgebauten Vertriebsnetzes oder aus Kapazitätsgründen ihre zu geringen Stückzahlen nicht mehr kostendeckend produzieren und mussten aufgeben. Zunächst traf es vorwiegend die Kleinen und Neulinge der Branche, später auch namhafte Branchenmitglieder wie Lanz, MAN, Fahr, Porsche und Güldner. Auch im Ausland verringerte sich die Zahl der Anbieter sprunghaft. Viele ehemals bekannte Hersteller verschwanden spurlos oder wurden von den Großen übernommen.

Zu Beginn der 1960er Jahre war fast überall ein verändertes Kaufverhalten zu beobachten. War noch bis vor wenigen Jahren der Kleinschlepper eindeutiger Favorit bei den Landwirten, so wurde nun der Ruf nach stärkeren Traktoren immer lauter. Genügten bisher vier oder fünf Gänge, Zapfwelle und Riemenscheibe, wurden mittlerweile Hydraulik, Motorzapfwelle, Allradantrieb, neuzeitliche Getriebe und viele andere Attribute moderner Landtechnik verlangt. Kleinere Anbieter waren hiermit eindeutig überfordert, zumal sie nur selten die steigenden Entwicklungskosten für die tech-

Dieser Heucke-Dampfpflug, Baujahr 1928, demonstriert seine Funktionstüchtigkeit bei einem historischen Dampfpflügen.

nisch immer anspruchsvolleren Fahrzeuge tragen konnten.

Wettkampf und Konzentration – der Traktorenbau im neuen Jahrtausend

Bis in die heutige Zeit verschärfte sich der weltweit herrschende Verdrängungswettbewerb bei stagnierendem, vielfach sogar schrumpfendem Marktvolumen und einer sinkenden Zahl von Neuzulassungen. Die Märkte sind gesättigt, allenfalls in Entwicklungsländern sind noch namhafte Zuwächse zu verzeichnen. Überleben konnten nur diejenigen Werke, denen es gelang, sich unter dem Dach eines finanzstarken Konzerns zusammenzufinden. Daher sind heute weltweit nur noch wenige produzierende Unternehmen dieser Branche übrig geblieben, die sich durch Kooperation und globalisiertes Auftreten am Markt zu halten versuchen. Einige kleinere Hersteller konnten sich in Marktnischen mit Spezialtraktoren erfolgreich behaupten.

Advance-Rumely

Die Firma Rumely befasste sich zu Beginn des 20. Jahrhunderts mit dem Bau von Landmaschinen und Dampfmaschinen für die Landwirtschaft. Im Jahr 1909 entstand unter der Bezeichnung Oil Pull der erste Traktor, den es bis zum Fertigungsende im Jahr 1931 in 14 unterschiedlichen Ausführungen geben sollte. Die Entwürfe des 1915 in Advance-Rumely Thresher Company Inc. umbenannten Herstellers zeichneten sich durch liegende, großvolumige, niedrig drehende Vergasermotoren aus. Die Fahrzeuge glichen eher Dampfmaschinen als Traktoren. Hier das ab 1918 lieferbare Modell H 1918, das mit einer Leistung von 30 PS aufwarten konnte.

Modell:	Advance-Rumely Oil Pull Type H 1918
Baujahr/Prod.-Zeitraum:	1918–1924
PS/kW:	30/22
Hubraum (ccm):	10 202
geb. Stückzahl:	56 500 (alle Modelle)

ALLGAIER

Modell:	Allgaier AP 17
Baujahr/Prod.-Zeitraum:	1950–1953
PS/kW:	18/13,2
Hubraum (ccm):	1374
geb. Stückzahl:	9000

1950 sorgte ein eher unscheinbare Schlepper des Branchenneulings Allgaier für beträchtliches Aufsehen: Es war das auf dem Entwurf des Volksschleppers von Ferdinand Porsche basierende Modell AP 17. Der moderne Blockbauschlepper mit luftgekühltem Zweizylinder-Diesel wog Dank der Verwendung leichter Metalllegierungen nur 950 kg. Zur Serienausstattung gehörten ein elektrischer Anlasser, Spurverstellung, Portalachsen und eine hydraulische Anfahr-Turbokupplung. Mit diesem und ähnlichen Fahrzeugen begann der große Treckerboom der frühen 1950er Jahre.

Allgaier R 22

Modell:	Allgaier R 22
Baujahr/Prod.-Zeitraum:	1949–1952
PS/kW:	22/16,1
Hubraum (ccm):	1840
geb. Stückzahl:	–

Bald schon ertönte der Ruf nach einer erhöhten Motorleistung für den kleinen Allgaier-Schlepper. Mit dem stärkeren Modell R 22 wurde ab August 1949 dieser Forderung Rechnung getragen. Vom Vorgängermodell R 18 zu unterscheiden waren diese Schlepper durch die abgerundete Form des Wasserkastens und durch die größeren Hinterräder. Hier ein Fahrzeug von 1952.

Allis-Chalmers

Allis-Chalmers stieg 1914 in die Traktorenbranche ein. In den 1920er Jahren und zu Zeiten der Weltwirtschaftskrise expandierte das Unternehmen durch den Erwerb anderer Hersteller sehr schnell. 1938 stellte die Firma mit Sitz in Milwaukee mit dem Typ B einen Leichttraktor zum sensationell niedrigen Preis von 495,– US-Dollar vor. Es bewährte sich so gut, dass dessen Fertigung 1948 auch in England aufgenommen wurde. Seine Dienstzeiten bei Bauern und Farmern waren oftmals nach Jahrzehnten noch nicht beendet. 1934 erschien das luftbereifte Modell WC, das es sowohl in einer konventionellen als auch in der Breitspur-Ausführung gab. Der WC hatte einen Vierzylinder-Vergasermotor, 1723 kg Gewicht und ein Vierganggetriebe für maximal 14,4 km/h. Es war ein robustes und sehr erfolgreiches Fahrzeug, das jahrelang ein Hauptstandbein im Unternehmensumsatz war. Hier ein Row-crop-Schlepper mit Breitspur von 1935.

Modell:	Allis-Chalmers WC
Baujahr/Prod.-Zeitraum:	1934–1948
PS/kW:	25/18,3
Hubraum (ccm):	3294
geb. Stückzahl:	178 000

Allis-Chalmers B

Bereits 1938 stellte die Allis-Chalmers Company in Milwaukee mit dem Typ B einen Leichttraktor zu dem damals sensationell niedrigen Preis von nur 495,– US-Dollar vor. Mit diesem konkurrenzlos günstigen Angebot konnten sich nun auch Gartenbaubetriebe und landwirtschaftliche Klein- und Nebenerwerbsbetriebe einen Allis-Chalmers leisten. Zu einer ganz besonderen Bedeutung gelangte gerade dieses Modell B im Rahmen der Leih- und Pachtverträge, die während des Krieges zwischen den Vereinigten Staaten und England geschlossen wurden. Der Kleintraktor hatte eine besonders große Bodenfreiheit und wurde von einem wassergekühlten Vierzylinder-Vergasermotor, der für die Verbrennung von Benzin oder von Petroleum eingerichtet war, angetrieben.

Modell:	Allis-Chalmers B
Baujahr/Prod.-Zeitraum:	1938–1957
PS/kW:	20/14,6
Hubraum (ccm):	2045
geb. Stückzahl:	127 000

Allis-Chalmers WF

Der ab 1940 gebaute WF von Allis-Chalmers war die Standardversion des Row-crop-Schleppermodells WC. Infolge des Krieges musste seine Fertigung im Jahr 1943 unterbrochen werden. Nachdem sie im folgenden Jahr fortgesetzt werden konnte, lief sie bis 1951. Das Modell WF hatte einen Vierzylinder-Vergasermotor mit Wasserkühlung, ein Viergangetriebe und 1724 kg Gewicht. Hier ein gut restauriertes Fahrzeug von 1947.

Modell:	Allis-Chalmers WF
Baujahr/Prod.-Zeitraum:	1940–1951
PS/kW:	25/18,3
Hubraum (ccm):	3151
geb. Stückzahl:	–

Allis-Chalmers WD

Das Allis-Chalmers Modell WD war ein Hackfrucht- oder Row-crop-Schlepper, der ab 1948 gebaut wurde. Dieser mittelschwere Traktor stand bei den Farmern in der Beliebtheitsskala ganz oben. Der WD hatte einen wassergekühlten Vierzylinder-Vergasermotor für Benzin- oder Petroleumbetrieb, ein Gewicht von 1800 kg und ein Vierganggetriebe. Dieses Fahrzeug stammt aus dem ersten Produktionsjahr.

Modell:	Allis-Chalmers WD
Baujahr/Prod.-Zeitraum:	1948–1953
PS/kW:	34/24,9
Hubraum (ccm):	3294
geb. Stückzahl:	131 273

Allis-Chalmers G

Modell:	Allis-Chalmers G
Baujahr/Prod.-Zeitraum:	1948–1955
PS/kW:	11/8,1
Hubraum (ccm):	967
geb. Stückzahl:	–

Ein reiner Saat- und Pflegeschlepper, im Grunde genommen eine motorisierte Hacke, war das Modell G von Allis-Chalmers, das 1948 erstmals vorgestellt wurde. Seine ungewöhnliche Rahmenbauweise mit dem hinter Fahrersitz und Hinterachse untergebrachten Motor sowie seine geringe Größe erregten beträchtliches Aufsehen. Dieser Winzling wog nur 635 kg und wurde von einem wassergekühlten Vierzylinder-Continental N 62-Vergasermotor angetrieben. Das Vierganggetriebe deckte den Geschwindigkeitsbereich von 2,5 bis 11,2 km/h ab. Auf Wunsch konnte sogar eine Hydraulik installiert werden. Dieses restaurierte Fahrzeug ist von 1952.

Bautz

Modell:	Bautz AL 180
Baujahr/Prod.-Zeitraum:	1956–1960
PS/kW:	18/13,2
Hubraum (ccm):	1400
geb. Stückzahl:	–

Für die Firma Josef Bautz aus Saulgau in Oberschwaben ergab sich 1950 nach Übernahme der Konstruktionsunterlagen des 14-PS-Zanker-Schleppers M1 die Möglichkeit, in die Traktorenbranche einzusteigen. Das Fahrzeug besaß serienmäßig eine elektrische Licht- und Anlassanlage, Zapfwelle und Riemenscheibe. Ab Mitte der 1950er Jahre erhielten einige Bautz-Modelle ein im Bereich der Motorabdeckung aktualisiertes Aussehen. So auch der 1275 kg schwere AL 180, der über ein luftgekühltes MWM-Antriebsaggregat verfügte. Der Traktor besaß ein Fünfganggetriebe mit Kriechgang und war für eine Maximalgeschwindigkeit von 18,3 km/h ausgelegt. Hier ein 1956 gebautes Fahrzeug mit Mähwerk.

Belarus

Belarus-Traktoren werden seit 1946 in Minsk/Weißrussland produziert, und zu Zeiten der UdSSR und des COMECON belieferte das Werk alle Länder dieser Wirtschaftsgemeinschaft, darunter auch die DDR. In diesem Land gab es wohl kaum eine Landwirtschaftliche Produktions-Genossenschaft (LPG), die nicht über mehrere Belarus-Traktoren verfügte. Die Maschinen standen im Ruf, technisch einfach, dafür aber besonders robust und anspruchslos zu sein. Aufgrund ihres verhältnismäßig geringen Preises waren diese Traktoren auch für den Export bedeutsam. Sie liefen aber nicht nur in vielen Entwicklungsländern, sondern auch im westlichen Europa, wie z.B. in Frankreich. Hier ein typisches leistungsstarkes Modell der ausgehenden 1950er Jahre.

Modell:	Belarus MTZ 5 MS
Baujahr/Prod.-Zeitraum:	1958–1966
PS/kW:	60/43,9
Hubraum (ccm):	4180
geb. Stückzahl:	–

Belarus T 40

Modell:	Belarus T 40
Baujahr/Prod.-Zeitraum:	1959–1970
PS/kW:	40/29,3
Hubraum (ccm):	4150
geb. Stückzahl:	–

Die Belarus-Traktoren waren bis auf ganz wenige Ausnahmen mit wassergekühlten Wirbelkammer-Dieselmotoren bestückt. Eine dieser Ausnahmen war der luftgekühlte Traktor T 40, der mit einem Vierzylinder-MTZ-Dieselantriebsaggregat mit 1600 U/min arbeitete. Ferner war in dem 1652 kg schweren Traktor ein Achtganggetriebe für maximal 26,7 km/h eingebaut. Die Hinterräder hatten die Größe 12-38, die dieses Fahrzeug in Verbindung mit der großen Bodenfreiheit zusätzlich noch zu Pflegearbeiten befähigte.

Belarus MTS 5 MC

Modell:	Belarus MTS 5 MC
Baujahr/Prod.-Zeitraum:	1958–1966
PS/kW:	50/36,6
Hubraum (ccm):	4750
geb. Stückzahl:	–

Die seit Kriegsende in mittlerweile mehr als 2,5 Millionen Exemplaren produzierten Traktoren waren genau das Richtige für diejenigen Regionen, in denen einerseits keine optimalen Reparatur- und Wartungsbedingungen herrschten, andererseits aber besondere Ansprüche an Geländefähigkeit und Zugkraft gestellt wurden wie z. B. in vielen Entwicklungsländern. Doch auch in der früheren DDR gab es kaum eine Traktorstation oder LPG, auf der keine Belarus-Traktoren anzutreffen waren. Aus dieser Fertigungsperiode stammt auch Typ MTS 5, der mit einer Fahrerkabine ausgerüstet ist. Der großvolumige Vierzylinder-Diesel mit Wasserkühlung erbrachte mit 1800 U/min seine Maximaldrehzahl. Das Getriebe verfügte über zehn Vorwärts- und zwei Rückwärtsgänge.

Bolinder-Munktell/ Volvo

Modell:	Bolinder-Munktell-Volvo T 21
Baujahr/Prod.-Zeitraum:	1950–1952
PS/kW:	45/32,9
Hubraum (ccm):	4500
geb. Stückzahl:	–

Die schwedischen Firmen Bolinder und Munktell fertigten Eisenbahnbedarf, Dampfmaschinen und Verbrennungsmotoren in eigener Regie, bevor sie sich 1932 zusammenschlossen. Ab 1947 baute das Unternehmen den leichten Bauernschlepper BM 10, der nicht nur in Skandinavien, sondern auch in Frankreich beliebt war. 1950 fusionierte Bolinder-Munktell mit der Volvo AG aus Göteborg. Schon wenige Jahre später konnte die Firma mit leistungsstarken Traktoren aufwarten, die mit direkt einspritzenden Volvo-Dieselmotoren mit bis zu sechs Zylindern ausgerüstet waren. Hier zu sehen das erste Produkt der Fusion: der Bolinder-Munktell-Volvo T 21.

Bolinder-Munktell-Volvo BM 55

1952 stellte dieser Hersteller den Bau von Glühkopf-Dieselmotoren ein und ging beim Antrieb auf das Volldieselverfahren mit Direkteinspritzung über. Zu den Traktoren mit den neuen Motoren gehörte der schwere Dreizylinder-Schlepper BM 55 mit Fünfganggetriebe und 2950 kg Gewicht. Er leistete je nach Drehzahl zwischen 51 und 55 PS und lag damit auch international in der Spitzengruppe. Seine Höchstgeschwindigkeit von mehr als 28 km/h machten ihn auch für Straßentransporte interessant. Dieser BM 55 stammt aus seinem ersten Fertigungsjahr.

Modell:	Bolinder-Munktell-Volvo BM 55
Baujahr/Prod.-Zeitraum:	1952–1959
PS/kW:	55/40,3
Hubraum (ccm):	4488
geb. Stückzahl:	–

BM Viktor/Volvo T 230

1956 wurden die identischen Modelle BM Viktor/Volvo T 230 vorgestellt, die von einem Zweizylinder-BM-Viertakt-Dieselmotor mit Wasserkühlung angetrieben wurden. Das Fünfganggetriebe, das einen Geschwindigkeitsbereich von 4,4 bis 26,8 km/h abdeckte, steuerte Volvo bei. Es war ein mittelschwerer Schlepper mit 1710 kg Gewicht und 11-28er Hinterrädern, der sich in den folgenden Jahren – auch im Exportgeschäft – recht gut verkaufte. Hier der Volvo T 230 von 1958.

Modell:	BM Viktor/Volvo T 230
Baujahr/Prod.-Zeitraum:	1956–1961
PS/kW:	33/24,2
Hubraum (ccm):	2244
geb. Stückzahl:	16 000

BM/Volvo T 350

Dieses leistungsstarke Fahrzeug von BM/Volvo wurde aufgrund seiner beachtlichen Höchstgeschwindigkeit von 28 km/h auch gerne als Straßenschlepper eingesetzt. Für diesen Einsatzbereich waren als Ausrüstung sowohl Druckluftbremsanlage für den Anhängerbetrieb sowie ein geschlossenes Fahrerhaus sehr zweckmäßig. Dieses in den Niederlanden zugelassene Fahrzeug mit seiner Rundumsichtkabine entstand 1956.

Modell:	BM/Volvo T 350
Baujahr/Prod.-Zeitraum:	1956–1961
PS/kW:	56/41
Hubraum (ccm):	3780
geb. Stückzahl:	28 400

Volvo T 350 Boxer

Dieses ab 1958 gebaute Fahrzeug von Volvo war mit dem BM-Schlepper 350 leistungsmäßig und technisch identisch. Es war ein sehr zugstarkes Fahrzeug mit Dreizylinder-Direkteinspritz-Dieselmotor, das in seiner Leistung nur noch von dem noch größeren Typ 470 übertroffen wurde. Derartige Schlepper fanden in Schweden auch im Forsteinsatz Verwendung. Dieses Traktormodell, das auch von den schwedischen Streitkräften als Zugmaschine verwendet wurde, besaß ein zweistufiges Gruppenschaltgetriebe. Hier ein toprestaurierter Ackerschlepper eines belgischen Sammlers.

Modell:	Volvo T 350 Boxer
Baujahr/Prod.-Zeitraum:	1958–1967
PS/kW:	56/41
Hubraum (ccm):	3780
geb. Stückzahl:	28 400

BM 350/Volvo T 350 Boxer

Modell:	BM 350/Volvo T 350 Boxer
Baujahr/Prod.-Zeitraum:	1958–1967
PS/kW:	56/41
Hubraum (ccm):	3780
geb. Stückzahl:	28 400

Zu den erfolgreichsten schwedischen Traktoren zählte der BM 350 bzw. das identische Volvo-Modell T 350. Es waren sehr zugkräftige Schlepper, die in den ausgedehnten Waldungen der nordischen Länder auch im Forsteinsatz verwendet wurden. Angetrieben wurden diese Traktoren von dem wassergekühlten Dreizylinder-Viertakt-Diesel 1113 TR. In diese 2870 kg schweren Traktoren war ein zehngängiges Gruppenschaltgetriebe mit zwei Rückwärtsgängen installiert, das den Geschwindigkeitsbereich von 2,6 bis 28 km/h abdeckte.

Volvo 470 Bison

Modell:	Volvo 470 Bison
Baujahr/Prod.-Zeitraum:	1959–1966
PS/kW:	75/54,9
Hubraum (ccm):	5040
geb. Stückzahl:	–

Dieser auch von der BM-Verkaufsorganisation angebotene schwere Schlepper gehörte seinerzeit mit zu den stärksten Kraftpaketen auf dem europäischen Markt. Unter seiner Haube arbeitete ein wassergekühlter Vierzylinder-Dieselmotor von Volvo. Das ebenfalls aus eigener Konstruktion und Fertigung stammende Getriebe verfügte über fünf Vorwärtsgänge und einen Rückwärtsgang. Mit seinem Gewicht von 3360 kg konnte dieser Schlepper in Verbindung mit seiner Motorleistung gewaltige Zugkräfte mobilisieren. Hier ein gut restauriertes Fahrzeug mit geschlossenem Fahrerhaus von 1961.

Volvo T 814

Der Volvo T 814 war als schwerer vierradgetriebener Forstschlepper auf die ausgedehnten Waldbestände Skandinaviens zugeschnitten. Mit seinem niedrigen Schwerpunkt und glatten Unterboden konnte er sich fast überall bewegen, ohne Gefahr zu laufen, hängen zu bleiben. Dazu trug auch die gewaltige Bereifung in den Größen 14.9-24 vorn und 18.4-38 hinten wesentlich bei. Sein Gewicht betrug 6940 kg. Dieses Fahrzeug mit vorderen Ballastgewichten ist von 1975.

Modell:	Volvo T 814
Baujahr/Prod.-Zeitraum:	1969–1979
PS/kW:	136/99,6
Hubraum (ccm):	5480
geb. Stückzahl:	1650

BM/Volvo T 430 Buster

Modell:	BM/Volvo T 430 Buster
Baujahr/Prod.-Zeitraum:	1972–1979
PS/kW:	46/33,7
Hubraum (ccm):	2500
geb. Stückzahl:	–

Der BM/Volvo-Schlepper T 430 – hier mit geschlossenem Fahrerhaus von 1972 – war ein kompakter Schlepper mit einem wassergekühlten Dreizylinder-Dieselmotor von Volvo. Dieser Motor erreichte mit 2250 U/min seine Höchstdrehzahl. Das Getriebe besaß 16 Vorwärtsgänge und vier Rückwärtsschaltstufen im Bereich von 2,0 bis 27,1 km/h. Bei 2400 kg Eigengewicht betrug das zulässige Gesamtgewicht des Traktors 4120 kg. Die Hinterradbereifung hatte die Größe 12.4-32.

BUCHER

Die Maschinenfabrik Bucher in Niederweningen stieg erst 1954 in den Traktorenbau ein. Das Unternehmen präsentierte drei Schlepper in der mittleren Klasse und konnte sich damit unter die fünf größten schweizerischen Hersteller einreihen. 1958 brachte man das Modell D 2000 auf den Markt. Trotz erfolgreicher Nachfolgemodelle ging der Absatz an Bucher-Traktoren stark zurück, als der schweizerische Markt für preisgünstigere Importtraktoren geöffnet wurde. Anfang der 1970er Jahre musste die Fertigung ganz eingestellt werden. Hier zu sehen ist das Modell D 2000 mit einem luftgekühlten Zweizylinder-Dieselmotor.

Modell:	Bucher D 2000
Baujahr/Prod.-Zeitraum:	1958–1971
PS/kW:	28/20,5
Hubraum (ccm):	2356
geb. Stückzahl:	–

Bucher D 4000

Der Bucher D 4000, der mit einem luftgekühlten Dreizylinder-MWM-Dieselmotor ausgerüstet war, wurde erstmals 1959 vorgestellt. Dieses Fahrzeug besaß zehn Vorwärts- und zwei Rückwärtsgänge, und es wurde ähnlich wie schon die früheren Typen ein großer Erfolg. Hier ein tadellos restauriertes Fahrzeug mit angebautem Frontzugmaul aus dem Jahr 1963.

Modell:	Bucher D 4000
Baujahr/Prod.-Zeitraum:	1959–1971
PS/kW:	38/27,8
Hubraum (ccm):	2715
geb. Stückzahl:	–

BÜHRER

Modell:	Bührer Spezial TO 4
Baujahr/Prod.-Zeitraum:	1952–1954
PS/kW:	25/18,3
Hubraum (ccm):	1490
geb. Stückzahl:	610

1928 stellte Fritz Bührer aus Hinwil seine ersten Traktoren aus Teilen von Ford-Automobilen her. Ab 1930 wurden schon regelrechte Kleintraktoren gefertigt. Es waren Luft bereifte Traktoren mit hinteren, als Geländereifen gezeichneten Zwillingsreifen und einer Motorleistung von bis zu 40 PS, die bis etwa 1936 gebaut wurden. Nach dem Zweiten Weltkrieg erfolgte ab 1950/51 die Aufteilung der Bührer-Traktoren in drei Leistungsklassen. Bührer lieferte Fahrzeuge für Klein-, Mittel- und Großbetriebe – Traktoren für jeden Zweck. Abgebildet ist der Leichttraktor Spezial TO 4 von 1952.

Bührer MFD 4

Modell:	Bührer MFD 4
Baujahr/Prod.-Zeitraum:	1955–1961
PS/kW:	35/25,6
Hubraum (ccm):	3610
geb. Stückzahl:	2500

Zur „Standard"-Leistungsklasse zählte das mittelschwere Bührer-Modell MFD 4, ein bewährter Universaltraktor, der nicht nur für Ackerarbeit, sondern auch als Straßenzugmaschine – wie dieses 1957 gebaute Exemplar – verwendet werden konnte. Wahlweise war das Fahrzeug mit Diesel- oder Vergasermotor erhältlich, wobei als Dieselmotor ein Ford-Lastwagenaggregat mit vier Zylindern fungierte. Ebenso konnte zwischen dem werksseitig installierten Fünfganggetriebe und dem Bührer-Triplex-Reduktionsgetriebe, das fünf weitere Vorwärtsgeschwindigkeiten ermöglichte, gewählt werden.

Bührer Standard MS 12

Der Bührer Standard-Traktor MS 12 war ein zugstarkes Mittelklassemodell, in dem ein Vierzylinder-Viertakt-Dieselmotor mit Wasserkühlung von Leyland wirkte. Dieser Schlepper mit seiner neuen, gestrafften Formgestaltung besaß das Bührer-Triplex-Getriebe mit zehn Vorwärts- und zwei Rückwärtsgängen. Zusätzlich konnte eine Kriechganggruppe ab 0,2 km/h Geschwindigkeit eingebaut werden. Der MS 12 hatte eine starre Vorderachse, Getriebezapfwelle und Differenzialsperre serienmäßig. Auf Wunsch konnten Riemenscheibe, Dreipunkthydraulik, Wegzapfwelle für Triebachsanhänger, gefederte Vorderachse und Verdeck erworben werden.

Modell:	Bührer Standard MS 12
Baujahr/Prod.-Zeitraum:	1960–1963
PS/kW:	38/27,8
Hubraum (ccm):	2260
geb. Stückzahl:	1480

Bührer GM 29 Super Six

Sehr leistungsfähig waren die ab 1968 gefertigten Traktoren der G-Baureihe. Das größte Modell, der Super Six, war mit dem wassergekühlten Sechszylinder-Direkteinspritz-Dieselmotor OM 352 von Daimler-Benz ausgerüstet. Es war das in drei Schaltgruppen unterteilte 15-gängige Tractospeed-Leichtschaltgetriebe installiert, für Geschwindigkeiten von 0,9 bis 20 km/h. Die Hinterachse war mit einem Planetenantrieb von ZF ausgerüstet. Auf Wunsch war dieser Traktor sogar mit einer Turbokupplung mit Freilaufsperre erhältlich. Es war ein schwerer Schlepper – hier ein restauriertes Fahrzeug von 1971 – für die Land- und Forstwirtschaft sowie für gewerbliche Einsätze. Von ihm gab es auch eine Allradvariante.

Modell:	Bührer GM 29 Super Six
Baujahr/Prod.-Zeitraum:	1968–1975
PS/kW:	100/73,2
Hubraum (ccm):	5670
geb. Stückzahl:	51

Bukh

Die in Kalundborg in Dänemark ansässige Firma Bukh war ursprünglich auf Schiffs- und Stationärmotoren spezialisiert, bevor sie nach dem Zweiten Weltkrieg mit dem Bau schwerer Dieseltraktoren mit 30 und 45 PS Motorleistung begann. Diese beiden Typen wurden während der 1950er Jahre produziert. Wie viele andere Hersteller musste auch Bukh ab Ende der 1950er Jahre einer deutlichen Marktsättigung im Bereich landwirtschaftlicher Traktoren Tribut zollen. Doch noch bis in die 1970er Jahre konnte die Firma den Fahrzeugbau, teilweise auch durch Exportaufträge, aufrechterhalten. Hier ein 30-PS-Modell mit Muschelkotflügeln von 1952.

Modell:	Bukh DZ 30
Baujahr/Prod.-Zeitraum:	1950–1959
PS/kW:	30/22
Hubraum (ccm):	2043
geb. Stückzahl:	–

Bukh 302

Allgemein war überall der Wunsch nach immer leistungsstärkeren Traktoren festzustellen. Diese Entwicklung erfasste schon bald das gesamte Europa. Damit verbunden war eine Verschiebung der Leistungsklassen. Gehörte zu Beginn der 1950er Jahre ein 40-PS-Schlepper bereits zu den Großtraktoren, so rangierte er zehn Jahre später nur noch im Bereich der mittleren PS-Klasse. Das hier abgebildete Modell 302 verfügt über einen großvolumigen Zweizylinder-Dieselmotor mit Wasserkühlung aus eigener Herstellung und ein Achtganggetriebe. Das Gewicht betrug 1700 kg.

Modell:	Bukh 302
Baujahr/Prod.-Zeitraum:	1959–1967
PS/kW:	35/25,6
Hubraum (ccm):	2250
geb. Stückzahl:	–

Case

Die Firma Case, die zunächst Dampfzugmaschinen baute, brachte 1911 ihren ersten Traktor mit Benzinmotor auf den Markt. 1919 erschien das bekannte Modell 10-18 Crossmotor. Charakteristisch war der quer in einen Gussrahmen eingebaute Vierzylindermotor. Wie die erfolgreichen Mitbewerber John Deere und Allis-Chalmers baute die Firma nach dem Zweiten Weltkrieg auch leichte Traktoren. 1972 fusionierte Case mit dem Marktriesen International Harvester. Eine weltweit aufeinander abgestimmte Modellpalette aus Case und David Brown-Traktoren wurde unter dem Namen Case angeboten. In dem seit 1986 als J. I. Case GmbH firmierenden Unternehmen kamen die Mittelklassetraktoren aus Frankreich und England, die Großschlepper aus den USA. Das Neusser IH-Werk wurde dagegen im Juni 1997 geschlossen.

Modell:	Case 10-18 Crossmotor
Baujahr/Prod.-Zeitraum:	1919–1921
PS/kW:	18/13,2
Hubraum (ccm):	3682
geb. Stückzahl:	9000

Hier ist einer der Case-Pioniere, nämlich der Case Crossmotor 10-18 von 1919, zu sehen.

Case Modell DC

Modell:	Case Modell DC
Baujahr/Prod.-Zeitraum:	1940–1952
PS/kW:	36/26,3
Hubraum (ccm):	4040
geb. Stückzahl:	–

Nach Kriegsende griff man auch bei Case überwiegend auf bewährte Konstruktionen zurück, die dann weiter gefertigt wurden. Dazu gehörte auch das bereits 1940 vorgestellte Modell DC, das es in einer Standardausführung, aber auch als Row-crop-Schlepper gab. In beiden Varianten arbeiteten ein wassergekühlter Vierzylinder-Vergasermotor für Benzin oder Petroleum sowie ein Dreigang-getriebe. Hier ein Row-crop-Schlepper von 1947.

Case Modell DEX

Der Case DEX war eine aus dem Modell D entwickelte Sonderausführung für den Leih- und Pachtvertrag des Jahres 1941. Auch er war mit einem Vierzylinder-Vergaserantriebsaggregat mit Wasserkühlung bestückt. Das Fahrzeug hatte ein Gewicht von 3155 kg und ein Dreiganggetriebe. Optional konnte der Schlepper mit Gummibereifung oder Eisenrädern bezogen werden. Auch nach Kriegsende wurde seine Fertigung noch eine zeitlang fortgeführt. Dieses Fahrzeug ist von 1947.

Modell:	Case Modell DEX
Baujahr/Prod.-Zeitraum:	1940–1952
PS/kW:	36/26,3
Hubraum (ccm):	4040
geb. Stückzahl:	7000

Case IH 644

Das Traktormodell 644 gehörte zu der so genannten IH-Schlepperreihe mit Alugrill, die im Sommer 1972 erstmals vorgestellt wurde. Das Styling entsprach im Prinzip den bereits im Vorjahr herausgebrachten stärkeren Modellen dieses Herstellers. Unter der Haube des IH 644 arbeitete ein Vierzylinder-Diesel mit Wasserkühlung, der als Direkteinspritzer ausgebildet war, sowie ein Achtgang-Wandelgetriebe im Bereich von 0,7 bis 24,4 km/h. Der Traktor – noch vor zehn Jahren ein ausgewiesenes schweres Modell – zählte nun zur mittleren Leistungsklasse.

Modell:	Case IH 644
Baujahr/Prod.-Zeitraum:	1972–1976
PS/kW:	60/43,9
Hubraum (ccm):	3382
geb. Stückzahl:	4270

Case IH 433

Zu den ab 1984 vorgestellten Traktoren von Case International gehörte als kleinstes Modell der Typ 433, ein Fahrzeug mit wassergekühltem Dreizylinder-Direkteinspritz-Dieselmotor mit 2050 U/min Maximaldrehzahl und teilsynchronisiertem acht- oder 16-Ganggetriebe mit vier oder acht Rückwärtsgängen. Dieses kompakte und wendige, mit einer Hydraulikanlage und Motorzapfwelle ausgerüstete Fahrzeug zählte in Anbetracht der ständig steigenden Motorleistungen bei Traktoren mittlerweile zu den Kleinschleppern. Bereits 1986 wurde die Motorleistung dieses Traktors im modifizierten Modell 440 auf 40 PS angehoben.

Modell:	Case IH 433
Baujahr/Prod.-Zeitraum:	1984–1986
PS/kW:	35/25,6
Hubraum (ccm):	2536
geb. Stückzahl:	17 487

Case IH 856 XL

Modell:	Case IH 856 XL
Baujahr/Prod.-Zeitraum:	1984–1986
PS/kW:	85/62,2
Hubraum (ccm):	3911
geb. Stückzahl:	–

Das Modell 856 XL spielte für mittelgroße Betriebe eine wichtige Rolle. Gegenüber dem Vorgängermodell 844 war ein-eetwas höhere Motorleistung vorhanden. Identisch waren Getriebe, Motorzapfwelle, Regelhydraulik sowie die wahlweise Höchstgeschwindigkeit von 30 bzw. 40 km/h. Dieses Modell gab es nur mit Vierradantrieb.

Case IH CVX 1170

Die Serie der CVX-Allradtraktoren besteht aus fünf unterschiedlich dimensionierten Fahrzeugen zwischen 137 und 192 PS. Damit repräsentierten sie den im Schlepperbereich von den Herstellern stark umworbenen oberen Mittelklassebereich. Diese Fahrzeuge sind für 50 km/h Höchstgeschwindigkeit ausgelegt und verfügen über eine stufenlose Getriebetechnik. Das Modell CVX 1170 steht leistungsmäßig an zweiter Stelle innerhalb der Reihe und ist mit einem emissionsarmen Sechszylinder-Turbolader-Dieselmotor mit Intercooler bestückt, der sich durch ein ausgezeichnetes Drehmoment und sparsamen Kraftstoffverbrauch auszeichnet.

Modell:	Case IH CVX 1170
PS/kW:	192/141
Hubraum (ccm):	6600

Case IH MX 285

Die MX Magnum-Baureihe besteht aus drei verschiedenen Großschlepper-Modellen zwischen 250 und 315 PS. Diese Fahrzeuge sind nicht nur robust, zuverlässig und von hervorragender Qualität, sondern sie bieten auch erstklassigen Fahr- und Bedienungskomfort. Die elektronischen Sechszylinder-Turbodieselmotoren mit Wasserkühlung sind für große Flächenleistungen ausgelegt und höchsten Belastungen gewachsen. Auf Wunsch überwacht ein Leistungsmonitor alle kompatiblen Anbaugeräte.

Modell:	Case IH MX 285
PS/kW:	315/232
Hubraum (ccm):	8300

Case IH STX 375 Quadtrac

Das mit vier unabhängig angeordneten und pendelnden Traktionslaufwerken ausgerüstete Raupen-Knicklenkerschlepper-Modell STX 375 Quadtrac garantiert stets höchste Zugkraft bei minimalem Bodendruck. Den Antrieb dieses Kraftpakets besorgt ein neu entwickelter Sechszylinder-Turbomotor mit Vierventiltechnik von Cummins mit geringem Treibstoffverbrauch. Das Powershift-Getriebe besitzt 16 Vorwärts- und zwei Rückwärtsgänge bei 35 km/h Höchstgeschwindigkeit. Die auf Wunsch mit Klimaanlage in drei unterschiedlichen Kategorien erhältliche Kabine lässt in Ausstattung und Komfort keine Wünsche offen.

Modell:	Case IH STX 375 Quadtrac
PS/kW:	375/280
Hubraum (ccm):	15 000

Challenger

Modell:	Challenger MT 745
PS/kW:	255/190
Hubraum (ccm):	8800

Die vom Agco-Konzern mit Sitz in Duluth angebotenen Challenger-Gummi-Raupenschlepper teilen sich in zwei Baureihen. Während die Serie MT 700 aus vier Fahrzeugen im Leistungsbereich zwischen 235 und 306 PS besteht, sind in der Reihe MT 800 weitere vier Maschinen mit 330 bis 482 PS Motorleistung zusammengefasst. Das Modell MT 745 verfügt über den Sechszylinder-Turbomotor Caterpillar C 9 mit 24 Ventilen und ein elektrohydraulisch gesteuertes Caterpillar-16/4 Volllastschaltgetriebe für maximal 40 km/h Geschwindigkeit.

Challenger MT 755

Die Challenger-Gummiraupenschlepper arbeiten bereits in der dritten Generation auf der Mobil-Trac-Technologie. Diese Fahrzeuge garantieren eine maximale Zugleistung bei geringerer Bodenverdichtung. Die Maschinen sind mit einer innovativen Netzwerk Intellitronics (Tractor Management Center) ausgestattet, welche die innerhalb des Fahrzeugs vorhandenen unterschiedlichen Systemkomponenten steuert, koordiniert und ständig überprüft. Es steuert außerdem das Power Management Center, das den Fahrer durch automatische und gespeicherte Schaltvorgänge, Geschwindigkeiten und Motordrehzahlen entlastet.

Modell:	Challenger MT 755
PS/kW:	294/216
Hubraum (ccm):	8800

Cockshutt

Die Cockshutt Plow Company, ein renommierter Schlepperhersteller aus Kanada, baute anfänglich Pflüge und andere landwirtschaftliche Geräte. Ab 1946 begann das Unternehmen dann mit der Konstruktion und Fertigung von Traktoren. Bis Cockshutt 1962 von der Firma White übernommen wurde und die Traktorenproduktion einstellen musste, konnte dieser Hersteller einige rechte bemerkenswerte Fahrzeuge auf den Markt bringen, Das kleinste Modell war der 1279 kg schwere Cockshutt K 20, ein Traktor mit wassergekühltem Vierzylinder-Vergasermotor und großer Bodenfreiheit. Hier ein Fahrzeug von 1953.

Modell:	Cockshutt K 20
Baujahr/Prod.-Zeitraum:	1952–1958
PS/kW:	20/14,6
Hubraum (ccm):	2184
geb. Stückzahl:	–

David Brown

Die Firma David Brown aus dem englischen Meltham begann 1935 gemeinsam mit dem Iren Harry Ferguson den Traktorenbau. Nachdem dieser sich mit Henry Ford zusammen getan hatte, führte David Brown ab 1939 den Schlepperbau allein weiter. Bekannt geworden sind die während des Zweiten Weltkriegs an die Royal Air Force gelieferten Flugzeugschlepper. 1946 brachte das Unternehmen den berühmten Cropmaster heraus, der in großem Stil produziert wurde. In den 1950er und 1960er Jahren baute David Brown zugstarke Schlepper der unteren Mittelklasse wie den Typ David Brown 996 von 1967. 1972 wurde die Firma von Case übernommen. Hier ein Cropmaster aus dem ersten Fertigungsjahr.

Modell:	Cropmaster 25 C
Baujahr/Prod.-Zeitraum:	1946–1953
PS/kW:	32/23,4
Hubraum (ccm):	2523
geb. Stückzahl:	–

David Brown 50 D

1953 lösten die Modelle 30 C und D den Cropmaster 25 ab, und gleichzeitig ergänzte das Modell 50 D das Verkaufsprogramm dieses Herstellers. Der 50 D war ein starker Sechszylinder-Dieselschlepper mit wassergekühltem Motor, 2535 kg Gewicht, Sechsganggetriebe mit zwei Rückwärtsgängen und einem Geschwindigkeitsbereich zwischen 2,1 und 21,8 km/h. Das Fahrzeug hatte 11-38er Hinterräder, eine verstellbare Spur und war auf Wunsch mit einer neuzeitlichen Hydraulik erhältlich. Dieses Exemplar ist von 1954.

Modell:	David Brown 50 D
Baujahr/Prod.-Zeitraum:	1953–1959
PS/kW:	50/36,6
Hubraum (ccm):	4059
geb. Stückzahl:	–

David Brown 900

Ebenfalls seit 1958 gab es das David Brown-Modell 900, einen 42 PS starken Schlepper mit dem 3/40-Dreizylinder-Direkteinspritz-Dieselmotor mit Wasserkühlung von David Brown. Das Fahrzeug verfügte über ein Achtganggetriebe eigener Herstellung mit zwei Rückwärtsgängen und wog 2250 kg. Auch in Deutschland versuchte David Brown, allerdings mit einem sehr mäßigen Erfolg, Fuß zu fassen. Dieses Fahrzeug ist von 1958 und besitzt Muschelkotflügel an den Hinterrädern.

Modell:	David Brown 900
Baujahr/Prod.-Zeitraum:	1958–1963
PS/kW:	42/30,7
Hubraum (ccm):	2526
geb. Stückzahl:	–

David Brown Typ 750

Modell:	David Brown Typ 750
Baujahr/Prod.-Zeitraum:	1958–1965
PS/kW:	28/20,5
Hubraum (ccm):	2210
geb. Stückzahl:	–

Das ab 1958 gebaute Traktormodell von David Brown gehörte zu den zugstarken Schleppern der unteren Mittelklasse. Der Antrieb erfolgte durch einen fortschrittlichen Vierzylinder-Direkteinspritz-Dieselmotor mit Wasserkühlung aus eigener Fabrikation, das ebenfalls eigenkonstruierte Getriebe verfügte über sechs Vorwärts- und zwei Rückwärtsgänge mit Zwischengruppen. Das Gewicht des mit einer Dreipunkthydraulik bestückten Traktors betrug 1700 kg. Hier ein Fahrzeug von 1962.

David Brown 996

Dieser starke David-Brown-Schlepper aus dem Jahr 1967 war in Halbrahmenbauweise konstruiert und mit einem wassergekühlten Vierzylinder-David-Brown-Dieselmotor mit direkter Kraftstoffeinspritzung ausgerüstet. Er zählte zur so genannten, ab 1965 kreierten weißen Reihe und hatte eine modifizierte Motorhaubenform erhalten. Das Getriebe mit seinem zwölf Vorwärtsgängen bewegte den 2280 kg schweren Traktor mit Geschwindigkeiten zwischen 1,8 und 26,5 km/h.

Modell:	David Brown 996
Baujahr/Prod.-Zeitraum:	1965–1972
PS/kW:	65/47,6
Hubraum (ccm):	3600
geb. Stückzahl:	–

DDR-Traktoren

Wie in Westdeutschland wurden auch in der sowjetischen Besatzungszone und späteren DDR Ackerschlepper gebaut. Allerdings wurden die Betriebe dort 1945 enteignet und zu Volkseigentum erklärt. Der Traktorenbau in der DDR startete 1948 mit der Zusammenlegung von sämtlichen Fahrzeug- und Motorenfabriken zum „IFA Industrieverband Fahrzeugbau". Darunter fielen das Schlepperwerk Nordhausen und die Traktorenwerke in Brandenburg und Schönebeck. Nach Gründung der landwirtschaftlichen Produktionsgenossenschaften in den 1950er Jahren brauchte man Fahrzeuge für die großen, zusammenhängenden Anbauflächen. Selbst der leistungsstarke RS 01/40 Pionier war hier oft überfordert. In den 1960er Jahren erschien die Famulus-Reihe, die den steigenden Anforderungen aber kaum gewachsen war – zu wenige wurden produziert und die Motoren waren oft zu schwach. Erst der neue Zugtraktor ZT 300 brachte ab 1967 eine spürbare Entlastung für die Landwirtschaft der DDR. Hier der RS 03/30 Aktivist aus der Anfangszeit der DDR-Fertigung.

Modell:	RS 03/30 Aktivist
Baujahr/Prod.-Zeitraum:	1951–1952
PS/kW:	30/22
Hubraum (ccm):	3325
geb. Stückzahl:	3761

RS 01/40 Pionier

Der Radschlepper Pionier war der erste in der DDR entstandene Ackerschlepper und gehörte damit zur ersten Schleppergeneration dieses Landes. Es war gleichzeitig das leistungsstärkste Modell, auf das in Ermangelung eines geeigneten Nachfolgers auf Jahre nicht verzichtet werden konnte. Geradezu legendär war seine unerhört große Zugkraft, die ihn damit zum wichtigsten Schlepper auf den LPG-Betrieben machte. Konstruktiv basierte er auf dem ehemaligen 40-PS-FAMO-Radschlepper, dessen Unterlagen über das Kriegsende gerettet werden konnten. Dieser Pionier mit geschlossenem Fahrerhaus ist von 1951.

Modell:	RS 01/40 Pionier
Baujahr/Prod.-Zeitraum:	1950–1956
PS/kW:	40/29,3
Hubraum (ccm):	5022
geb. Stückzahl:	20 123

RS 04/30

Der 1953 erstmals ausgelieferte RS 04/30 war ein Vielzweckschlepper und gleichzeitig die erste wirklich eigenständige DDR-Traktorkonstruktion. Es war ein etwas hochbeiniger, 2600 kg schwerer Traktor der Mittelklasse in Blockbauart und mit Zweizylinder-Dieselmotor, der sich damals durchaus auf der Höhe der Zeit befand. Das installierte Fünfganggetriebe ließ Geschwindigkeiten zwischen 3,6 und 18 km/h zu. Er war zwar nicht stärker als der etwas unglückliche Aktivist, aber infolge seiner geänderten Proportionen wesentlich besser verwendbar. Dieses Exemplar wurde 1954 gebaut.

Modell:	RS 04/30
Baujahr/Prod.-Zeitraum:	1953–1956
PS/kW:	30/22
Hubraum (ccm):	3012
geb. Stückzahl:	7574

RS 14/46 Famulus 46

Die 46-PS-Variante Famulus 46, die 1960 entstand, konnte aber trotz ihrer beachtlichen Motorleistung nicht an die Zugkraft des legendären Pionier heranreichen. Obwohl der Motor thermisch überfordert war, wurde bis 1963 eine noch recht erhebliche Stückzahl gebaut. Die Rücknahme auf verträglichere 1800 U/min und 40 PS wurde teilweise bei Motorüberholungen vorgenommen. Hier ein gut restauriertes Fahrzeug mit Seitenmähwerk von 1963.

Modell:	RS 14/46 Famulus 46
Baujahr/Prod.-Zeitraum:	1960–1963
PS/kW:	46/33,7
Hubraum (ccm):	3280
geb. Stückzahl:	3820

ZT 300 D Fortschritt

Modell:	ZT 300 D Fortschritt
Baujahr/Prod.-Zeitraum:	1967–1983
PS/kW:	90–100/65,9–73,2
Hubraum (ccm):	6560
geb. Stückzahl:	72 382

Erst der neue ZT 300 (ZT stand für Zugtraktor) brachte eine fühlbare Entlastung für die Landwirtschaft der DDR. Mit diesem Modell stand erstmals ein leistungsstarkes Fahrzeug für die großen Anbauflächen in den LPG-Betrieben zur Verfügung. Der ZT 300, dessen Motorleistung ab 1978 auf 100 PS gesteigert wurde, besaß einen Vierzylinder-Viertakt-Direkteinspritz-Diesel mit Mittenkugelverbrennung (Lizenznahme von MAN) sowie ein in drei Schaltgruppen aufgeteiltes Getriebe mit neun Vorwärtsgängen bis 30 km/h. Das Gewicht des in Halbrahmenbauweise gefertigten Traktors betrug 4950 kg. Dieses Fahrzeug entstand im Jahr 1970.

Deutz

Die Kölner Klöckner-Humboldt-Deutz AG begann 1927, Leichttraktoren zu bauen, die schnell durch Ackervarianten ergänzt wurden. Nach Vorbild von Fordson konstruierte Deutz Traktoren wie den berühmten „Stahlschlepper" von 1934 in der rahmenlosen Blockbauweise – ein Alleskönner, der sich ausgezeichnet verkaufte. Nach dem Zweiten Weltkrieg verwendete Deutz neue, luftgekühlte Motoren, die zum Erfolg der soliden Schlepper wesentlich beitrugen. Die Firma etablierte sich als unangefochtener Marktführer mit breiter Angebotspalette. Der Schleppergigant aus Köln entwickelte in den 1950er und 1960er Jahren neue Typenprogramme, die beim Kunden gut ankamen. Die ab 1967 präsentierte D 06-Serie sollte bis 1981 Bestand haben. Bis in die Gegenwart ist der Name Deutz richtungsweisend für den Traktorenbau, wie die ab 1997 in Zusammenarbeit mit der SAME-Gruppe entstandenen Agotron-Großfahrzeuge beweisen. Sie verfügen über modernste Motorentechnik und viele High-Tech-Baukomponenten. Dagegen wirkt der Stahlschlepper F 2 M 315 wie ein Dinosaurier.

Modell:	Deutz F 2 M 315
Baujahr/Prod.-Zeitraum:	1934–1942
PS/kW:	28/20,5
Hubraum (ccm):	3400
geb. Stückzahl:	11 988

Deutz F 1 M 414/46

Modell:	Deutz F 1 M 414/46
Baujahr/Prod.-Zeitraum:	1936–1951
PS/kW:	11–12/8,1–8,8
Hubraum (ccm):	1100
geb. Stückzahl:	19 000

Unmittelbar nach Kriegsende konnte Deutz auf den kleinen, überaus bewährten 11-PS-Bauernschlepper noch nicht verzichten, denn jener musste die Zeit bis Erscheinen der ersten Neukonstruktion überbrücken. Das hieß aber nicht, dass dieses Fahrzeug einfach nur unverändert weitergebaut wurde. Wo immer es möglich war und sinnvoll erschien, nahm man Detailverbesserungen vor. Das bezog sich vor allem auf das Vierganggetriebe, das nun zum Einbau gelangte. Auch ein Fußgashebel wurde erst zu dieser Zeit eingeführt. Bei den letzten ab 1950 gefertigten Exemplaren betrug die Motorleistung 12 PS. Dieser originalgetreu wieder hergerichtete Bauernschlepper stammt aus dem Jahr 1947.

Deutz F 1 L 514/51

Den Deutz F 1 L 514/51 gab es auf Wunsch auch mit der höheren 8.00-32-Hinterradbereifung. Hierdurch eignete er sich hervorragend als Hackfrucht- und Pflegeschlepper. Bei dieser nach dem Baukastensystem gefertigten luftgekühlten Schleppergeneration von Deutz – das Modell F 1 L 514 war das kleinste Fahrzeug davon – wurden die Traktoren nach den in ihnen eingebauten Motoren bezeichnet.

Modell:	Deutz F 1 L 514/51
Baujahr/Prod.-Zeitraum:	1951–1957
PS/kW:	15/11
Hubraum (ccm):	1330
geb. Stückzahl:	36 911

Deutz F 4 L 514/4

Das leistungsmäßig stärkste Modell in der Deutz-Schlepperreihe war der ab 1952 in Serie gebaute F 4 L 514/4. Dieser für seine Zeit gewaltige Schlepper war in Halbrahmenbauweise konstruiert, wobei die Blechölwanne keine tragende Funktion besaß. Es handelte sich um ein mit einem Fünfganggetriebe ausgerüstetes Fahrzeug, das auch die allerschwersten Arbeiten bewältigte. Zu jener Zeit war dieser schwere Vierzylinder der stärkste auf dem deutschen Markt befindliche Ackerschlepper.

Modell:	Deutz F 4 L 514/4
Baujahr/Prod.-Zeitraum:	1952–1957
PS/kW:	60/43,9
Hubraum (ccm):	5322
geb. Stückzahl:	7824

Deutz D 40 UF

Hier ein besonders schöner Deutz D 40 UF mit Fritzmeier M 210-Allwetterverdeck aus dem Jahr 1959. Diese zugstarken Traktoren trugen dem Verlangen vieler Kunden nach höherer Motorleistung Rechnung. Ihre Eignung betraf sowohl mittlere als auch größere Betriebe von etwa 15 bis 25 ha Fläche. Sie bewährten sich nicht nur vor schweren zapfwellgetriebenen Erntemaschinen aller Art, sondern auch bei Transporten.

Modell:	Deutz D 40 UF
Baujahr/Prod.-Zeitraum:	1958–1960
PS/kW:	35/25,6
Hubraum (ccm):	2550
geb. Stückzahl:	–

Deutz D 15 Plantage

Modell:	Deutz D 15 Plantage
Baujahr/Prod.-Zeitraum:	1959–1964
PS/kW:	14/10,2
Hubraum (ccm):	850
geb. Stückzahl:	–

Parallel zum Standard-Kleinschlepper D 15 wurde auch eine Plantagenausführung für den Einsatz in Reihen und Sonderkulturen angeboten. Die Spurweite dieser besser unter der Bezeichnung „Schmalspur- oder Weinbergschlepper" bekannt gewordenen Fahrzeuge konnte mittels Spezialfelgen stufenlos durch Motorkraft verstellt und damit den jeweiligen Einsatzbedingungen angepasst werden. Verwendet wurde in diesem Traktor das sechsgängige ZF-A 4 P-Schaltgetriebe.

Deutz D 30 S

Der Deutz D 30 S – hier ein vorzüglich restauriertes Exemplar von 1962 mit Seitenmähwerk und Fritzmeier M 210-Allwetterdach – unterschied sich vom Standard D 30 nur durch die vorhandene Motorzapfwelle mit Doppelkupplung. Damit war dieser Schlepper auch zum Ziehen von zapfwellengetriebenen Anhängegeräten geeignet. Für den schweren Mähdreschbetrieb hatte er allerdings noch etwas zu wenig Leistung.

Modell:	Deutz D 30 S
Baujahr/Prod.-Zeitraum:	1960–1963
PS/kW:	28/20,5
Hubraum (ccm):	1700
geb. Stückzahl:	–

Deutz D 8005

Der D 8005 von Deutz trat die Nachfolge des über zwölf Jahre gebauten Modells F 4 L 514 an. Im Gegensatz zu diesem verfügte der 3720 kg schwere Traktor über einen Sechszylinder-Diesel mit Luftkühlung, das Achtganggetriebe ZF A 230 mit vier Rückwärtsgängen und eine einteilige Motorhaube. Ein reichhaltiges Zubehör- und Sonderausrüstungsprogramm, hierzu zählte auch die Bosch-ZF-Hydraulik mit 2200 kg Hubkraft, konnte auf Wunsch erworben werden. Hier ein D 8005 NFS von 1966.

Modell:	Deutz D 8005
Baujahr/Prod.-Zeitraum:	1965–1966
PS/kW:	80/58,6
Hubraum (ccm):	5100
geb. Stückzahl:	–

Deutz D 8006 A

Der ab 1972 von Deutz erhältliche D 8006 war das mit einer technisch optimierten Deutz-Bosch-Hydraulikanlage angebotene Nachfolgemodell des ursprünglich seit 1970 unter der gleichen Bezeichnung gefertigten Vormodells. In diesem starken, hier in der Allradausführung des Baujahrs 1975 gezeigten Traktors mit Spezialkabine arbeitete der luftgekühlte Sechszylinder-Deutz-Dieselmotor F 6 L 912 mit direkter Kraftstoffeinspritzung sowie ein ZF-Getriebe mit 16 Vorwärts- und sieben Rückwärtsgängen. Die Hydraulikanlage besaß eine Hubkraft von 3600 kg.

Modell:	Deutz D 8006 A
Baujahr/Prod.-Zeitraum:	1972–1978
PS/kW:	80/58,6
Hubraum (ccm):	5652
geb. Stückzahl:	–

Deutz D 7206

Das Modell D 7206 gehörte ebenfalls zu dem im Jahr 1974 überarbeiteten Typenprogramm. Es war ein leistungsstarker Traktor für große Bauernhöfe, dessen Vierzylinder-Direkteinspritz-Diesel durch Drehzahlsteigerung nochmals angehoben worden war. Auch in diesem Fall gab es eine Allradvariante. Das Deutz-Getriebe hatte zwölf Vorwärts- und vier Rückwärtsgänge; ab 1978 wurde ein ganggleiches Triebwerk verwendet, das die Synchronisation auch bei Allradantrieb ermöglichte. Hier ein 1978 gebautes Fahrzeug mit Allwetterverdeck und Frontgewichten.

Modell:	Deutz D 7206
Baujahr/Prod.-Zeitraum:	1974–1981
PS/kW:	72/52,7
Hubraum (ccm):	3768
geb. Stückzahl:	–

DX 120

Als Nachfolger der D 07er-Typenreihe erschienen 1978 die ersten DX-Traktoren, die im Hinblick auf Technik und Komfort wesentliche Verbesserungen boten. Dazu zählte auch die nun verwendete neue Motorbaureihe FL 913, bei der Leistungssteigerungen zu verzeichnen waren. Neu war ebenfalls das Deutz-TW-Getriebe, das beim Modell DX 120 je nach Ausstattung entweder 15 oder 20 Vorwärtsgänge und fünf Rückwärtsgänge aufwies. Der sowohl als hinterradgetriebener Standardschlepper als auch mit Vierradantrieb erhältliche DX 120 war mit dem Sechszylinder-Viertakt-Saugdiesel des Typs F 6 L 913 von Deutz ausgerüstet. Die hier gezeigte allradgetriebene Ausführung wog 4885 kg und hatte eine geräuschdämpfende, als Deutz MasterCab bezeichnete Komfortkabine. Der abgebildete Traktor ist mit Frontballastgewichten und Zusatzgewichten an den Hinterradfelgen ausgerüstet.

Modell:	DX 120
Baujahr/Prod.-Zeitraum:	1980–1983
PS/kW:	110/80,5
Hubraum (ccm):	6128
geb. Stückzahl:	–

AgroXtra 6.17

Modell:	AgroXtra 6.17
Baujahr/Prod.-Zeitraum:	1991–2000
PS/kW:	113/82,7
Hubraum (ccm):	6128
geb. Stückzahl:	–

Im Jahr 1990 wurde der erste Schräghaubenschlepper der Baureihe AgroXtra vorgestellt. Diese durch nur geringe konstruktive Änderungen erreichte Gestaltung verbesserte die Sicht des Schlepperfahrers nach vorn, vor allem im Hinblick auf die immer bedeutungsvoller werdenden Frontanbaugeräte, erheblich. Diese Bauweise wurde zum Vorbild für viele andere Hersteller. Das stärkste Fahrzeug dieser Modellreihe war der Typ 6.17, der über den Sechszylinder-Direkteinspritz-Diesel F 6 L 913 mit Luftkühlung sowie ein Triebwerk mit entweder 20 oder 24 Vorwärts- und fünf oder sechs Rückwärtsgängen verfügte. Die zeitgemäße Hydraulik bewältigte 6500 kg und das ausschließlich mit Allradantrieb lieferbare Fahrzeug brachte 4700 kg auf die Waage.

Agrotron 200 MK 3

Auf der gleichen Basis wie das Modell 165 bewegt sich auch der stärkere Agrotron 200, der gleichfalls über eine Komfortkabine mit nahezu vollkommener Rundumsicht und eingebauter Klimaanlage verfügt und ebenso komfortabel ist wie ein Pkw. Alle Bedienungselemente sind dabei stets im Blickfeld und ergonomisch günstig angeordnet. Das Gewicht dieses Großtraktors beträgt 7500 kg, installiert ist ein Sechszylinder-Diesel der BF 6-Motorbaureihe.

Modell:	Agrotron 200 MK 3
Baujahr/Prod.-Zeitraum:	seit 2000
PS/kW:	200/146,4
Hubraum (ccm):	7146
geb. Stückzahl:	–

EICHER

Unmittelbar nach Ende des Zweiten Weltkriegs boten die Gebrüder Eicher den modifizierten Typ 22 an, den sie 1938 erstmals vorgestellt hatten. Den Durchbruch schafften sie mit dem Eicher-Dieseltraktor ED 16/I, der einen luftgekühlten Motor besaß – zu dieser Zeit eine technische Meisterleistung. Ende der 1950er Jahre stellte das Unternehmen die ersten Typen einer völlig neuen Schleppergeneration, die so genannte Raubtierreihe, vor. Diese Serie brachte Eicher enormen Erfolg. Wegen Zulieferschwierigkeiten kam es später zu einer Kooperation mit Massey-Ferguson, die Firma wurde zur GmbH umgewandelt. Die Aufbruchzeiten, wie sie der hier abgebildete ED 22/I von 1949 verkörperte, waren für Eicher vorbei.

Modell:	Eicher ED 22/I
Baujahr/Prod.-Zeitraum:	1945–1950
PS/kW:	24/17,6
Hubraum (ccm):	2198
geb. Stückzahl:	–

Eicher L 28

Das Eicher-Modell L 28 gab es ab 1950 und hielt sich über sieben Jahre im Verkaufsprogramm. Es war ein recht starker Schlepper mit dem luftgekühlten Zweizylinder-Deutz-Motor F 2 L 514, dessen Leistung zunächst mit 28, kurz darauf mit 30 PS angegeben wurde. In diesem Fahrzeug, das mit dem Zweizylinder-Deutz-Schlepper nahezu baugleich war, stand ein Fünfganggetriebe von ZF zur Verfügung. Dieses Fahrzeug entstand 1954.

Modell:	Eicher L 28
Baujahr/Prod.-Zeitraum:	1950–1957
PS/kW:	30/22
Hubraum (ccm):	2660
geb. Stückzahl:	413 (ab 1955)

Eicher ED 50/I

Modell:	Eicher ED 50/I
Baujahr/Prod.-Zeitraum:	1957–1959
PS/kW:	50/36,6
Hubraum (ccm):	4671
geb. Stückzahl:	46

Noch stärker war das Modell ED 50, das ab 1957 mit der luftgekühlten Dreizylinder-Antriebsvariante ED 3 d von Eicher bestückt war. Es war – bis auf den zur gleichen Zeit angebotenen neuen ED 60 und den L 60 mit Deutz-Motor – das damals größte Fahrzeug von Eicher. Zwei Kriechgänge, fünf Vorwärts- und zwei Rückwärtsgeschwindigkeiten standen in dem Großtraktor mit 3075 kg Gewicht zur Verfügung.

Eicher EM 200 Tiger

Neben dem Panther war der Tiger das zweite Ende 1958 vorgestellte Fahrzeug der neuen Raubtierserie. Neu war ein Achtgang-ZF-Getriebe mit Stiftschaltung anstelle der bis dahin gebräuchlichen Schieberäder. Der Zweizylinder-Dieselmotor EDK 2 mit Luftkühlung leistete zunächst 25, ab 1962 28 PS. Analog dazu stieg das Gewicht von 1460 auf 1600 kg. Die Hubkraft der Bosch-Hydraulik stieg von 850 auf 1000 kg. Es war ein sehr erfolgreicher Schlepper in der wichtigen mittelschweren Leistungsklasse. Das hier gezeigte Fahrzeug wurde 1964 gebaut.

Modell:	Eicher EM 200 Tiger
Baujahr/Prod.-Zeitraum:	1958–1968
PS/kW:	25–28/18,3–20,5
Hubraum (ccm):	1963
geb. Stückzahl:	15 292

Eicher EA 600 Mammut II Allrad

Der schwere Allradschlepper Mammut II war das stärkste Eicher-Modell dieser Baureihe und gehörte damit zu den leistungsfähigsten Traktoren dieser Epoche in Deutschland. Zum Einbau gelangte der neue Vierzylinder-EDK-4-Dieselmotor, der zunächst 60, ab 1967 62 PS abgab. Es war ein sehr starker Schlepper für schwierige Böden, für Hanglagen, Moore, nasse Wiesen, für Forsteinsätze und für Einsatzverhältnisse, wo ein Höchstmaß an Kraft erforderlich war. Die Zusatzausrüstung reichte daher auch von der Druckluftbremsanlage bis zur Seilwinde zum Holzrücken im Wald. Hier ein Exemplar, das 1967 die Werkstore verließ.

Modell:	Eicher EA 600 Mammut II Allrad
Baujahr/Prod.-Zeitraum:	1963–1969
PS/kW:	60–62/43,9–45,4
Hubraum (ccm):	3927
geb. Stückzahl:	643

Eicher EM 500 Mammut I

Im Jahr 1964 ersetzte das neue Modell EM 500 Mammut I die bis dato produzierten Mammut-Modelle mit dem alten ED3-Motor. Da jetzt ein moderner Vierzylinder-EDK-Dieselmotor zur Verfügung stand, wurde in den neuen Mammut I eine in seiner Leistung gedrosselte Ausführung des im Mammut II verwendeten EDK 4-Motors installiert. Daneben arbeitete in dem 2525 kg schweren Schlepper das üblicherweise von diesem Hersteller verwendete ZF-Getriebe mit acht Vorwärts- und vier Rückwärtsgängen. Dieses Fahrzeug entstand in seinem letzten Fertigungsjahr.

Modell:	Eicher EM 500 Mammut I
Baujahr/Prod.-Zeitraum:	1964–1968
PS/kW:	50/36,6
Hubraum (ccm):	3927
geb. Stückzahl:	692

Eicher 3105

Seit 1974 wurden überwiegend Perkins-Dieselmotoren und bis auf die Sechszylinder-Modelle M+F-Getriebe in die Eicher-Traktoren eingebaut. Im Jahr 1978 stellte Eicher völlig überarbeitete Drei- und Vierzylindertraktoren in einem auffällig kantigen Design vor. Dazu zählte auch das Modell 3105 mit der werksinternen Bezeichnung 3021, das von dem luftgekühlten Sechszylinder-Eicher-Diesel EDK 6-4 angetrieben wurde. Dieser starke Traktor hatte 16 Vorwärts- und sieben Rückwärtsgänge und ein Gewicht von 4780 kg. Hier ein Fahrzeug von 1978 mit Eicher-Kabine.

Modell:	Eicher 3105
Baujahr/Prod.-Zeitraum:	1978–1982
PS/kW:	105/76,9
Hubraum (ccm):	5890
geb. Stückzahl:	55

Eicher Königstiger 2070 Allrad

Modell:	Eicher Königstiger 2070 Allrad
Baujahr/Prod.-Zeitraum:	1989
PS/kW:	70/51,2
Hubraum (ccm):	2945
geb. Stückzahl:	1

Auf einer Agrarmesse des Jahres 1989 hielt Eicher mit dem neuen Modell Königstiger 2070 eine Überraschung bereit. Bei ihm handelte es sich um das auf das Eicher-Design angepasste SAME-Modell Explorer, das von einem luftgekühlten Dreizylinder-Eicher-Dieselmotor mit Turboaufladung angetrieben wurde. Leider wurde durch Entscheidung der Geschäftsleistung der Serienbau dieses durchaus realisierbaren kleinen Allradtraktors nicht aufgenommen, sodass der neue Königstiger nur ein auf der Messe gezeigter Prototyp blieb.

Fahr

Modell:	Fahr F 22
Baujahr/Prod.-Zeitraum:	1938–1942
PS/kW:	22/16,1
Hubraum (ccm):	2198
geb. Stückzahl:	–

Die im badischen Gottmadingen ansässige Maschinenfabrik Fahr AG baute 1938 ihren ersten Traktor. In der Folgezeit produzierte sie sehr zuverlässige und zweckmäßige Modelle, ohne aber eine eigene Motorenfertigung aufzunehmen. Man verließ sich auf bewährte Fremdfabrikate von Deutz, Daimler-Benz, MWM oder Güldner. Mit den Aschaffenburger Güldner-Motoren-Werken kooperierte man in den 1950er Jahren, um dem steigenden Wettbewerbsdruck auf dem deutschen Schleppermarkt entgegenzutreten. Die Fertigung der Fahr-Güldner-Europa-Reihe wurde auf beide Werke verteilt. Sie verwendeten gleiche Baukomponenten, nur die Motorhaube unterschied sich. Auch bei den schweren Schleppern setzte die Fahr AG weiter auf Zusammenarbeit mit anderen Herstellern. Hier der sehr wendige Fahr F 22.

Fahr D 12 N

Auch im Kleinschlepper D 12 N arbeitete kein Motor aus eigener Fertigung, sondern ein von den Aschaffenburger Güldner-Werken beigesteuerter wassergekühlter Einzylinder-Fremdmotor. Der Traktor war als Tragschlepper in Wespentaillenbauart konzipiert und wog 1100 kg. In ihm arbeitete ein Fünfganggetriebe der Zahnradfabrik Passau (ZP), und die Bauart ermöglichte auch den Zwischenachsanbau. Hier ein tadellos restaurierter Traktor mit Windschutzscheibe von 1954.

Modell:	Fahr D 12 N
Baujahr/Prod.-Zeitraum:	1952–1954
PS/kW:	12/8,8
Hubraum (ccm):	815
geb. Stückzahl:	–

Fahr D 90 H

Die Pflegeschleppervariante D 90 H – hier ein 1955 gebautes Fahrzeug mit 7-30 AS-Hinterrädern – verfügte mit 1130 kg über ein geringfügig höheres Gewicht als die Standardversion D 90. Dieser Blockbauschlepper wurde entweder als Alleinschlepper in Kleinbetrieben oder als zusätzliches Zweit- und Pflegefahrzeug auf größeren Höfen eingesetzt.

Modell:	Fahr D 90 H
Baujahr/Prod.-Zeitraum:	1953–1956
PS/kW:	12/8,8
Hubraum (ccm):	905
geb. Stückzahl:	–

Fahr D 400

Auch in der schweren Klasse war Fahr schon früh präsent. 1955 wurde der Typ D 400 entwickelt, welcher über das luftgekühlte Dreizylinder-Deutz-Antriebsaggregat F 4 L 514 verfügte. Der große Fahr-Schlepper wog 2570 kg und war mit einem Gruppengetriebe mit insgesamt zwölf Vorwärts- und zwei Rückwärtsgängen ausgerüstet. Dieser schöne Schlepper mit Dieteg-Verdeck wurde 1955 gebaut.

Modell:	Fahr D 400
Baujahr/Prod.-Zeitraum:	1955–1957
PS/kW:	45/32,9
Hubraum (ccm):	3990
geb. Stückzahl:	–

Fahr D 177 S

Modell:	Fahr D 177 S
Baujahr/Prod.-Zeitraum:	1960–1962
PS/kW:	34/24,9
Hubraum (ccm):	1767
geb. Stückzahl:	–

Aufgrund hoher Entwicklungskosten musste sich das Familienunternehmen nach einem starken Partner umsehen, den man 1962 in der Klöckner-Humboldt-Deutz AG (KHD) gefunden zu haben glaubte. Aufgrund einer Programmabsprache, nach der KHD die Traktoren, Fahr hingegen nur noch Erntemaschinen zu fertigen hatte, beendete Fahr die erfolgreiche Zusammenarbeit mit Güldner. Das bedeutete das Ende des Traktorenbaus bei Fahr, und 1962 liefen die letzten Einheiten – wie dieser D 177 S – vom Band. Der D 177 S war ein würdiger Abschluss der Schlepperfertigung dieses traditionsreichen Unternehmens.

FENDT

Bereits 1928 wurde der erste handgefertigte Grasmäher bei Fendt in Marktoberndorf gebaut. Schon bald ging man zu leistungsfähigeren Modellen wie dem Kleinschlepper F9 über, 1938 folgte ein Bauernschlepper. Nachdem der Zweite Weltkrieg mit seinen Holzgasfahrzeugen überwunden war, präsentierten die Fendt-Werke mit dem Dieselross-Modell F 15 ein Universalfahrzeug für die einsetzende Motorisierungswelle. Auf die traditionsreichen Dieselrösser folgten ab 1958 die so genannten „ff“-Modelle: Fix, Farmer und Favorit. Die sich stets am Markt orientierende Produktentwicklung bescherte Fendt einen kontinuierlichen Aufwärtstrend. Sehr erfolgreich waren die Geräteträger und 1976 stieg man mit der Favorit-Reihe in den Bereich der Großtraktoren bis 150 PS ein. 1985 belegte Fendt mit 18,4% Marktanteil Platz 1 der deutschen Zulassungsstatistik. Bis heute gehört das Unternehmen zu den modernsten und innovativsten Herstellern. Hier ein Vorläufer der High-Tech-Generation, das bewährte Fendt Dieselross G 25.

Modell:	Fendt Dieselross G 25
Baujahr/Prod.-Zeitraum:	1942–1946
PS/kW:	25/18,3
Hubraum (ccm):	3979
geb. Stückzahl:	1497

Fendt Dieselross F 15 H

Modell:	Fendt Dieselross F 15 H
Baujahr/Prod.-Zeitraum:	1949–1957
PS/kW:	15/11
Hubraum (ccm):	1153
geb. Stückzahl:	15 071

Der Dieselkleinschlepper von Fendt wurde ein voller Erfolg und entsprechend lange angeboten, ohne dass gravierende Detailveränderungen notwendig wurden. Ab 1950 gingen die ersten Verbesserungen in die laufende Serie ein, wozu auch die verstärkte Vorderachse und staubdicht gekapselte Vorderradnaben gehörten. Für den F 15 war ein großes Zubehörprogramm erhältlich, dass für seine Baugröße kaum Wünsche offen ließ. Hier ein Fahrzeug in der Hochradausführung H als Hackfruchtschlepper aus dem Jahr 1954.

Fendt Dieselross F 40

Beginnend ab 1951 beinhaltete das Fendt-Verkaufsangebot über nahezu acht Jahre einen Großschlepper für schwere Arbeiten in Feld und Forst. Dieses Flaggschiff mit 2170 kg Gewicht war mit einem ebenfalls von MWM stammenden Dreizylinder-Dieselaggregat mit Wasserumlaufkühlung motorisiert. Das ZP-Getriebe wies wahlweise fünf oder sechs Vorwärtsgeschwindigkeiten auf, und in der Schnellgangausführung erreichte der Schlepper 28 km/h. Hier ein schönes Fahrzeug mit Allwetterverdeck von 1953.

Modell:	Fendt Dieselross F 40
Baujahr/Prod.-Zeitraum:	1951–1958
PS/kW:	40/29,3
Hubraum (ccm):	3534
geb. Stückzahl:	1078

Fendt Dieselross F 24 L

Die 24-PS-Version des Fendt Dieselross gab es erstmals 1954 in einer luftgekühlten, ein Jahr später in der wassergekühlten Variante. In beiden Fällen arbeitete ein Zweizylinder-MWM-Dieselmotor unter der Haube, und ein Getriebe mit sechs Vorwärts- und zwei Rückwärtsgängen versah seinen Dienst. Das Gewicht dieses Mittelklasse-Traktors betrug 1385 kg, seine Höchstgeschwindigkeit 20 km/h. Dieser luftgekühlte Schlepper mit Verdeck ist von 1956.

Modell:	Fendt Dieselross F 24 L
Baujahr/Prod.-Zeitraum:	1954–1958
PS/kW:	24/17,6
Hubraum (ccm):	1810
geb. Stückzahl:	6369

Fendt Fix 2

Modell:	Fendt Fix 2
Baujahr/Prod.-Zeitraum:	1958–1963
PS/kW:	19/13,9
Hubraum (ccm):	1400
geb. Stückzahl:	9730

Ab 1958 kamen bei Fendt die ersten neuen Schlepper der so genannten „ff"-Modellreihe auf den Markt, die nicht mehr den traditionsreichen, mittlerweile nicht mehr zeitgemäßen Namen Dieselross trugen. Es waren formschöne, leistungsstarke Maschinen, die in allen wichtigen Leistungsklassen vertreten waren. Das Modell Fix war der kleinste Schlepper und wurde alternativ mit wasser- oder luftgekühltem Zweizylinder-MWM-Direkteinspritz-Dieselmotor geliefert. Das Fahrzeug mit 1365 kg Gewicht verfügte über die bewährte Fendt-Dreipunkt-Hydraulik und über ein neu entwickeltes Steuergerät, das eine bequeme Handhabung der Blockhydraulik ermöglichte. Dieser 1963 gebaute Traktor besitzt ein Allwetterverdeck mit Fronteinstieg.

Fendt Favorit 3

Modell:	Fendt Favorit 3
Baujahr/Prod.-Zeitraum:	1964–1967
PS/kW:	52/38,1
Hubraum (ccm):	2976
geb. Stückzahl:	3914

Im Zuge der 1964 erfolgten erneuten Überarbeitung des Programms wurde der 52-PS-Großschlepper Favorit 3 präsentiert. Er löste gleichzeitig die Modelle Favorit 1 und Favorit 2 ab. Der Favorit 3 erhielt als erster Fendt-Schlepper einen Vierzylinder-Dieselmotor. Das gemeinsam mit ZF entwickelte, beinahe stufenlos zu schaltende neue Halbsynchrongetriebe wurde auf 16 Vorwärts- und vier Rückwärtsgänge aufgestockt, womit die Arbeitsgeschwindigkeiten von 0,25 bis 30 km/h abgedeckt wurden. Ab 1966 leistete der Favorit 3 55 PS. Hier ein Fahrzeug von 1964.

Fendt F 250 GT

Mit dem F 250 GT brachte Fendt 1970 ein neues Geräteträgermodell auf den Markt, das vor allem durch seinen als luftgekühlten Dreizylinder-Viertakt-Diesel ausgebildeten Unterflurmotor aus dem üblichen Rahmen fiel. Durch diese Motoranordnung machte sich das Antriebsaggregat für den Fahrer nicht mehr störend bemerkbar. 13 Vorwärts- und vier Rückwärtsgänge sowie ein Schnellgang bis 30 km/h standen zur Verfügung. Vorn und hinten befand sich eine lastschaltbare Motorzapfwelle. Hier ein Fahrzeug mit Vollsichtkabine und Frontlader aus dem Jahr 1977.

Modell:	Fendt F 250 GT
Baujahr/Prod.-Zeitraum:	1970–1977
PS/kW:	45/32,9
Hubraum (ccm):	3120
geb. Stückzahl:	4237

Fendt F 395 GTA Freisicht-Traktor

Modell:	Fendt F 395 GTA Freisicht-Traktor
Baujahr/Prod.-Zeitraum:	seit 1989
PS/kW:	115/84,8
Hubraum (ccm):	6129
geb. Stückzahl:	–

Ab 1985 startete Fendt eine erfolgreiche Geräteträger-Baureihe mit Allradantrieb. Mit dem Modell F 395 GTA wurde 1989 diese eine hervorragende Rundumsicht bietende Maschine als 115-PS-Geräteträger auf den Markt gebracht. Zum Antrieb diente ein luftgekühlter Sechs-Zylinder-Viertakt-Diesel mit Direkteinspritzung, und ein vollsynchronisiertes Triebwerk mit 21 Vorwärts- und sechs Rückwärtsgängen sorgte für eine Höchstgeschwindigkeit von 40 km/h. Die Spur des 5060 kg schweren Geräteträgers ließ sich siebenfach verstellen.

Fendt Farmer 309

Modell:	Fendt Farmer 309
Baujahr/Prod.-Zeitraum:	1993–2000
PS/kW:	95/69,5
Hubraum (ccm):	4156
geb. Stückzahl:	–

Mit dem 1993 vorgestellten Modell 309 präsentierte Fendt einen weiteren wichtigen Schlepper in der umsatzträchtigen mittleren Leistungsklasse. Dieses Fahrzeug wurde in den folgenden Jahren ständig im Detail verbessert und auch mit der neuen, hydropneumatischen Vorderachsfederung ausgerüstet. Der Vierzylinder-Viertakt-Dieselmotor mit Wasserkühlung, Abgas-Turbolader, Ladeluftkühler und Direkteinspritzung hatte eine Höchstdrehzahl von 2300 U/min. Es war ein auch im europäischen Vergleich sehr sparsamer Universal- und Transportschlepper mit 21-gängigem EHS-Wendegetriebe, verstellbarer Lenksäule und lastschaltbarer Zapfwelle.

Fendt Favorit 711 Vario

Seit Beginn des Jahres 1999 gibt es die neue Baureihe Favorit 700 Vario von Fendt, die zweifelsohne die modernsten Schlepper der Welt repräsentieren. Im 711 Vario arbeitet ein Sechszylinder-Viertakt-Vierventil-Diesel mit Turboaufladung und Wasserkühlung von Deutz. Erstmals wurde ein Gussstahlrahmen als tragendes Element für die gesamte Fahrwerkstechnologie verwendet. Der hier gezeigte 711 Vario mit Frontzapfwelle entstand im April 2000.

Modell:	Fendt Favorit 711 Vario
Baujahr/Prod.-Zeitraum:	seit 1999
PS/kW:	115/84,2
Hubraum (ccm):	5700
geb. Stückzahl:	–

Fendt Favorit 930 Vario TM 5

Der 930 Vario TM 5 ist das derzeitige Spitzenmodell von Fendt und auch äußerlich ein bulliger Kraftprotz. Das Fahrzeug verfügt über das stufenlose Vario-Getriebe mit Differenzialsperren, 50 km/h Höchstgeschwindigkeit und den bekannten Sechszylinder-Turbodiesel von Deutz mit Ladeluftkühlung. Beim Anblick dieses gewaltigen Fahrzeugs drängt sich der Vergleich zu den im Grunde genommen noch gar nicht so lange zurückliegenden Dieselross-Vorfahren geradezu auf.

Modell:	Fendt Favorit 930 Vario TM 5
Baujahr/Prod.-Zeitraum:	seit 2002
PS/kW:	300/219,6
Hubraum (ccm):	6870
geb. Stückzahl:	–

Ferguson

Modell:	Ferguson TE 20
Baujahr/Prod.-Zeitraum:	1946–1948
PS/kW:	26/19
Hubraum (ccm):	1962
geb. Stückzahl:	Gesamtproduktion über 500 000

Der Ire Harry Ferguson hatte kurz vor Ausbruch des Zweiten Weltkriegs die Dreipunkt-Geräteaufhängung erfunden und wollte sie in David-Brown-Traktoren installieren. Wenig später vereinbarte er dann aber eine Kooperation mit Henry Ford. Nachdem Ferguson viele Neuerungen in die Fordson-Schlepper eingebracht hatte, trennte er sich nach Patentstreitigkeiten erbittert von Ford. Er baute ähnliche Modelle in eigener Regie weiter. Die unscheinbaren, sehr wendigen Traktoren hatten nach Kriegsende einen unerhörten Erfolg. 1953 verkaufte Ferguson seine Firma an den kanadischen Hersteller Massey-Harris, der Firmenname lautete jetzt Massey-Harris-Ferguson Ltd. Hier das Erfolgstraktorenmodell TE 20.

Ferguson FE 35

Bis zum Verkauf an Massey-Harris war die stolze Zahl von insgesamt 339420 Traktoren aller Ausführungen gebaut worden. 1956 wurde das stärkere Modell FE 35 präsentiert, dessen Motor- und Kühlerverkleidung eine rundlichere Form bekommen hatte. Teilweise hoben sich diese Traktoren durch einen goldfarben lackierten Motor-Getriebeblock von den Mitbewerbern ab. Als Antriebsaggregat diente entweder der wassergekühlte Standard-Vierzylinder-Diesel oder auch eine Vergaserausführung desselben. Dieses Vergaserfahrzeug ist von 1957.

Modell:	Ferguson FE 35
Baujahr/Prod.-Zeitraum:	1956–1960
PS/kW:	31,5/23,1
Hubraum (ccm):	2187
geb. Stückzahl:	220614

Fiat

Modell:	Fiat Typ 600
Baujahr/Prod.-Zeitraum:	1948–1956
PS/kW:	18/13,2
Hubraum (ccm):	2270
geb. Stückzahl:	–

1918 stellten die Fiat-Werke in Turin den ersten, aus einem Artillerieschlepper entwickelten Traktor vor. 1932 landete das Unternehmen dann mit einem sehr fortschrittlichen Raupenschlepper einen großen Erfolg. Nach Kriegsende erlebte Fiat auf dem landwirtschaftlichen Sektor einen rasanten Aufschwung, der bis in die 1970er Jahre anhielt. Die Traktoren im charakteristischen Dunkelgelb waren innovativ, technisch ausgereift und formschön. Beispielhaft wurden 1956 die Typen der erfolgreichen 200er-Serie. Hier abgebildet ist das Nachkriegsmodell Fiat Typ 600 von 1948, ein kompakter Traktor für kleinere landwirtschaftliche Betriebe, der mit einem wassergekühlten Vierzylinder-Viertakt-Vergasermotor bestückt war und 1200 kg wog.

Fiat 211 R

Als Antriebseinheit des 211 diente ein wassergekühlter Zweizylinder-Dieselmotor der Motorbaureihe 614, der eine maximale Drehzahl von 2200 U/min aufwies. Der kleine Traktor verfügte über eine Zapfwelle, Dreipunkthydraulik und ein Sechsganggetriebe mit zwei Rückwärtsgängen im Bereich von 1,9 bis 20,3 km/h. Mit nur 820 kg Gewicht und seiner Portalvorderachse mit großer Bodenfreiheit eignete sich der 211 R hervorragend als Pflegeschlepper oder als Allein- und Universalschlepper für kleine Bauernhöfe. Der Geräteanbau war seitlich, hinten und zwischen den Achsen möglich, sodass bei der Feldarbeit oftmals mehrere Arbeitsgänge miteinander verknüpft werden konnten.

Modell:	Fiat 211 R
Baujahr/Prod.-Zeitraum:	1956–1963
PS/kW:	18–20/13,2–14,6
Hubraum (ccm):	1135
geb. Stückzahl:	über 80 000

Fiat 215

Der seit 1963 von Fiat angebotene Kleinschlepper des Typs 215 löste das Vormodell 211 R ab. Es war ein für den Zwischenachsanbau als Tragschlepper in Halbrahmenbauweise konzipiertes Fahrzeug, das als Universalschlepper für kleinere landwirtschaftliche Betriebe und Höfe, aber auch als Zweit- und Pflegeschlepper in größeren Betrieben erfolgreich eingesetzt werden konnte. Der erste Gang des Sechsganggetriebes war gleichzeitig als Kriechgeschwindigkeit ausgelegt. Dieser Traktor besitzt eine Sonderlackierung und ist von 1967.

Modell:	Fiat 215
Baujahr/Prod.-Zeitraum:	1963–1968
PS/kW:	23/16,8
Hubraum (ccm):	1135
geb. Stückzahl:	–

Fiat 215 Hi-crop-Ausführung

Im Jahr 1963 erschien der leistungsstärkere Typ 215 erstmals in den Fiat-Verkaufslisten. Die Standardausführung dieses von einem wassergekühlten Zweizylinder-Fiat-Dieselmotor angetriebenen Kleinschleppers hatte ein Gewicht von 970 kg und ein Sechsganggetriebe. Hier ein daraus abgewandelter, wohl nur in wenigen Exemplaren für den Export gebauter extrem hochbeiniger Spezialschlepper aus dem Jahr 1968, der zum Spritzen und Bearbeiten von Maisplantagen in Übersee eingesetzt wurde.

Modell:	Fiat 215 Hi-Crop-Ausführung
Baujahr/Prod.-Zeitraum:	1968
PS/kW:	23/16,8
Hubraum (ccm):	1135
geb. Stückzahl:	–

Fiat 540 Spezial

Der Fiat 540 Spezial war mit 54 PS Motorleistung ein starker Traktor, der 1973 zusammen mit zwei weiteren Modellen erstmals am Markt vorgestellt wurde. Der wassergekühlte Dreizylinder-Dieselmotor von Fiat arbeitete mit Direkteinspritzung, und das Getriebe wies acht Vorwärtsgänge und vier Rückwärtsfahrstufen im Bereich zwischen 0,8 und 24,1 km/h auf. Damit eignete sich dieses 1850 kg schwere Fahrzeug nicht nur für schwere Zugarbeiten, sondern auch als Pflegeschlepper.

Modell:	Fiat 540 Spezial
Baujahr/Prod.-Zeitraum:	1973–1978
PS/kW:	54/39,5
Hubraum (ccm):	2592
geb. Stückzahl:	–

FORDSON

Henry Ford wollte nach seinem berühmten Automobil „Tin Lizzie“ auch einen zuverlässigen, einfachen und preisgünstigen Traktor bauen. Dank moderner Großserienproduktion liefen 1917 schon über eine Million Ackerschlepper Fordson F in Detroit vom Band, davon mehrere tausend in das vom Ersten Weltkrieg beeinträchtigte England. Ab Ende der 1920er Jahre wurde der Fordson-Schlepper im irischen Cork, später in England produziert. Das Fahrzeug wurde laufend verbessert, so dass sich der Grundtyp nahezu 30 Jahre lang halten konnte. Abgelöst wurde er nach Kriegsende vom Modell E 27 N und auch in den nächsten Jahren brachte Ford hochwertige Traktoren auf den Markt. Nicht nur in Europa, sondern auch in Übersee bestand Ende der 1950er Jahre ein großer Bedarf an Traktoren, wovon der preisgünstige Dexta nachhaltig profitierte. Dieses Modell konnte sich auch auf dem deutschen Markt behaupten. Fordson blieb der Erfolg treu – undenkbar ohne einen der Pioniere, den hier abgebildeten Fordson F.

Modell:	Fordson F, Ackerschlepper
Baujahr/Prod.-Zeitraum:	1917–1928
PS/kW:	18/13,2
Hubraum (ccm):	3916
geb. Stückzahl:	739 977 (USA)

Fordson N, Ackerausführung

1929 wurde der Fordson-Schlepper überarbeitet und gleichzeitig seine Fertigung von Detroit nach Cork in Irland verlagert. Das nun als Ausführung N bezeichnete Modell erreichte bei einer auf 1100 U/min gesteigerten Drehzahl 23 PS bei Petroleumbetrieb und 29 PS, wenn Benzin als Kraftstoff verwendet wurde. Neben manchen anderen Details wurde die Vorderachse verbessert, und das Gewicht stieg auf 1636 kg. Der Standort Cork wurde bereits 1933 zu Gunsten von Dagenham in England aufgegeben.

Modell:	Fordson N, Ackerausführung
Baujahr/Prod.-Zeitraum:	1929–1945
PS/kW:	23–29/16,6–21,2
Hubraum (ccm):	4181
geb. Stückzahl:	–

Fordson N

1933 war die Fertigung des Fordson N von Irland nach Dagenham in England verlegt worden. Von dort wurden die Traktoren in alle Welt exportiert, auch zurück in die Vereinigten Staaten. Obwohl dessen Entwurf bereits auf das Jahr 1917 zurückreichte und man dem Fordson dieses auch äußerlich ansah, hatte der einfache und solide Traktor nur wenig von seiner Popularität, vor allem in England, eingebüßt. Jedoch erhielt der Fordson-Traktor laufend Detailverbesserungen, so dass sich daher seine Grundkonzeption nahezu 30 Jahre halten konnte. Dieses 1937 mit Eisenrädern und Greiferstollen gebaute Fahrzeug eines holländischen Besitzers befindet sich noch heute im Erstbesitz der Familie.

Modell:	Fordson N
Baujahr/Prod.-Zeitraum:	1933–1945
PS/kW:	29/21,2
Hubraum (ccm):	4181
geb. Stückzahl:	–

Fordson E 27 N

Modell:	Fordson E 27 N
Baujahr/Prod.-Zeitraum:	1945–1952
PS/kW:	27/19,8
Hubraum (ccm):	4184
geb. Stückzahl:	gesamt 236000

Ende der 1930er Jahre war der noch auf dem berühmten Modell F von 1917 basierende Fordson N – trotz Luftbereifung und manch anderer Verbesserungen – technisch überholt. Unmittelbar nach Kriegsende kam daher sein Nachfolger, der Typ E 27 N heraus, der ebenfalls über einen Vierzylinder-Vergasermotor mit Wasserkühlung verfügte. Anfangs wurde dieser Traktor, dessen Aufbau viele Gemeinsamkeiten mit seinem Vorgänger besaß, vielfach noch mit Eisenbereifung und stollenbesetzten Hinterrädern geliefert. Für den Straßenbetrieb konnten – wie bei diesem Fahrzeug von 1946 – Laufringe montiert werden.

Fordson E 27 N Roadless E

Auch für den Fordson E 27 N wurden in erheblichen Stückzahlen Halbketten-Umbaurüstsätze der englischen Firma Roadless Traction Ltd. verwendet. Diese Vollkettenzugmaschinen hatten einen Vierzylinder-Vergasermotor mit Wasserkühlung, der seine Motorleistung von 27 PS bei 1200 U/min zur Verfügung stellte. Verwendet wurde das reguläre Dreiganggetriebe des Standardschleppers. Ein großer Teil dieser mittlerweile sehr seltenen Fahrzeuge ging in den Export.

Modell:	Fordson E 27 N Roadless E
Baujahr/Prod.-Zeitraum:	1945–1952
PS/kW:	27/19,8
Hubraum (ccm):	4184
geb. Stückzahl:	–

Fordson Power Major

Das mit dem Modell Super Major motorisch identische Modell Power Major – hier ein gut restauriertes Fahrzeug aus dem Jahr 1960 – verfügte über ein sechsfach abgestuftes Schaltgetriebe mit zwei Rückwärtsgängen, mit dem der Geschwindigkeitsbereich von 3,3 bis 22,1 km/h abgedeckt wurde. Das Gewicht betrug 2475 kg und die Hinterradbereifungsgröße 11-36.

Modell:	Fordson Power Major
Baujahr/Prod.-Zeitraum:	1958–1964
PS/kW:	52/38
Hubraum (ccm):	3610
geb. Stückzahl:	–

Fordson Dexta

Um auch einen kleineren Traktor anbieten zu können, wurde am 22. November 1958 unter der Typenbezeichnung Dexta ein leichteres Fordson-Modell vorgestellt. Der Dexta war mit einem wassergekühlten Dreizylinder-Perkins-Direkteinspritzdiesel motorisiert. Der Traktor hatte ein Gewicht von 1341 kg und ein Sechsganggetriebe zwischen 2 und 24,9 km/h. Dieses gut restaurierte Exemplar ist von 1960 und mit Seitenmähwerk und Umsturzbügel ausgerüstet.

Modell:	Fordson Dexta
Baujahr/Prod.-Zeitraum:	1958–1965
PS/kW:	31/22,7
Hubraum (ccm):	2360
geb. Stückzahl:	–

Fordson Super Major Allrad

Modell:	Fordson Super Major Allrad
Baujahr/Prod.-Zeitraum:	1959–1964
PS/kW:	54/39,5
Hubraum (ccm):	3610
geb. Stückzahl:	–

Der allradgetriebene Super Major war ein kraftvoller Schlepper mit angetriebener Vorderachse, wassergekühltem Vierzylinder-Ford-Dieselmotor und einem in zwei Schaltgruppen aufgeteiltem Sechsganggetriebe, das ebenfalls aus eigener Fertigung stammte. Dieser Blockbauschlepper war auf schweren Böden und überall dort, wo ein hinterradgetriebener Traktor nicht mehr weiterkam, in seinem Element. Dieses gut restaurierte Fahrzeug hatte 1962 die Fertigungsstraßen verlassen.

Fordson Super Major 51 X

Die recht seltene vierradgetriebene Variante des Super Major wurde unter der Typenbezeichnung 51 X geführt. Es war ein Fahrzeug mit vier gleich großen Antriebsrädern, die eine außerordentlich hohe Zugkraft garantierten. Der Antrieb erfolgte durch einen Vierzylinder-Dieselmotor von Ford, der eine fünffach gelagerte Kurbelwelle besaß. Das Getriebe wies acht Vorwärts- und zwei Rückwärtsgänge auf. Dieses restaurierte Fahrzeug ist von 1960.

Modell:	Fordson Super Major 51 X
Baujahr/Prod.-Zeitraum:	1959–1964
PS/kW:	52/38
Hubraum (ccm):	3610
geb. Stückzahl:	–

Grunder

Mit Motormähern und Gartenfräsen stieg August Grunder zu Beginn der 1920er Jahre in die Landmaschinen- und Traktorenbranche ein. 1938 entstand der sehr formschöne Vierradtraktor Typ E, der von einem leistungsstarken Chevrolet-Vergasermotor mit Wasserkühlung angetrieben wurde. Das Fahrzeug mit seinem markanten, schwungvoll geformten Kühlergrill verfügte über vier Vorwärtsgänge bis zu 20 km/h und besaß große Zugkraft. Der Zweite Weltkrieg brachte Zulieferschwierigkeiten. Verschiedene Traktoren wurden mangels flüssigen Kraftstoffs mit Imbert-Generatoren-Anlagen bestückt. Dieser restaurierte Grunder Typ E ist von 1940.

Modell:	Grunder Typ E
Baujahr/Prod.-Zeitraum:	1938–1943
PS/kW:	35/25,6
Hubraum (ccm):	3540
geb. Stückzahl:	–

GÜLDNER

Die Aschaffenburger Motorenfabrik Güldner gehört zu den ältesten Motorenherstellern Deutschlands. Den ersten Traktor präsentierte man 1938. Aus den Holzgas-Schleppern des Krieges entstanden nach der Währungsreform 1948 in Zusammenarbeit mit der Firma Fahr neue Diesel-Fahrzeuge. Nachdem diese Kooperation abrupt endete, präsentierte Güldner 1962 die völlig neu gestaltete G-Schlepperreihe. Doch die roten Qualitätsfahrzeuge retteten das Unternehmen nicht vor Verkaufsrückgängen. 1969 stellte Güldner nach mehr als 100 000 gefertigten Einheiten den Schlepperbau ein. Hier ein 20-PS-Ackerschlepper mit einem Einzylinder-Dieselmotor aus eigener Fertigung.

Modell:	Güldner A 20
Baujahr/Prod.-Zeitraum:	1938–1942
PS/kW:	20/14,6
Hubraum (ccm):	1547
geb. Stückzahl:	–

Güldner ADS

Nur über einen kurzen Zeitraum und in einer kleinen Stückzahl wurde der 18-PS-Traktor ADS von Güldner angeboten und schon bald durch das Modell ALD ersetzt. In diesem 1100 kg schweren Fahrzeug wirkte ein Zweizylinder-Güldner-Diesel mit Wasserkühlung und wahlweise ein Fünf- oder Sechsganggetriebe. Das reichhaltige Sonderausrüstungsprogramm entsprach dem der übrigen Güldner-Modelle.

Modell:	Güldner ADS
Baujahr/Prod.-Zeitraum:	1954
PS/kW:	18/13,2
Hubraum (ccm):	1305
geb. Stückzahl:	356

GÜLDNER ABL

1958 fügte sich der mittelschwere Schlepper ABL in das Güldner-Traktorangebot ein. Dieses Fahrzeug besaß einen wassergekühlten Zweizylinder-Dieselmotor, der nach dem Güldner-Wälzkammerverfahren arbeitete. Als Getriebe für den 1460 kg schweren ABL fungierte das ZP-Modell A 8/6 mit sechs Vorwärtsgängen und einem Rückwärtsgang, mit dem Geschwindigkeiten zwischen 1,62 und 20 km/h möglich waren.

Modell:	Güldner ABL
Baujahr/Prod.-Zeitraum:	1958–1959
PS/kW:	25/18,3
Hubraum (ccm):	1840
geb. Stückzahl:	1430

Güldner G 40

Modell:	Güldner G 40
Baujahr/Prod.-Zeitraum:	1963–1969
PS/kW:	38/27,8
Hubraum (ccm):	2360
geb. Stückzahl:	7613

Von 1963 stammt der G 40 von Güldner, der über ein Dreizylinder-Antriebsaggregat mit Luftkühlung verfügte. Der G 40, den es auch mit Vierradantrieb gab, war eine leistungsfähige Maschine für den mittleren bis großen Bauernhof. Das eingebaute ZP-Getriebe hatte zwölf Gänge. Die Höchstgeschwindigkeit in der schnellen Ausführung lag bei 29,8 km/h. Dieser G 40 mit Hinterradantrieb ist von 1964.

GÜLDNER G 75 A

Ab 1965 erschien das Spitzenmodell der Güldner G-Modellreihe. Der starke Sechszylinder-Diesel 6 L 79 leistete zunächst 65, ab 1967 70 und die Allradausführung G 75 A zuletzt sogar 75 PS. Ein stark belastbares Getriebe, das Modell T 318 II von ZP mit insgesamt 17 Gängen und vier zusätzlichen Kriechgeschwindigkeiten nebst zwei Rückwärtsgängen, war in diesen Kraftprotz eingebaut. Besonders der Allradschlepper mit zuschaltbarer Vorderachse war eine Maschine für jede Gelegenheit. Sehr beliebt waren diese Fahrzeuge auch in der Wald- und Forstwirtschaft, wo sie mit einer Seilwinde zum Holzrücken eingesetzt wurden. Dieses Fahrzeug entstand 1968.

Modell:	Güldner G 75 A
Baujahr/Prod.-Zeitraum:	1965–1969
PS/kW:	75/54,9
Hubraum (ccm):	4712
geb. Stückzahl:	201

Hanomag

Die Firma Hanomag stieg 1924 mit dem WD-Radschlepper R 26 ins Traktorengeschäft ein. Diese fortschrittliche Konstruktion basierte auf der Blockbauweise der

Modell:	Hanomag WD-Radschlepper R 28/32
Baujahr/Prod.-Zeitraum:	1928–1932
PS/kW:	28–32/20,5–23,4
Hubraum (ccm):	4252
geb. Stückzahl:	–

Fordson-Traktoren. Erst 1931 begannen die Hannoveraner, einen Dieselmotor in ihre Fahrzeuge einzubauen: Der berühmte D 52 wurde zum Herz aller schweren Hanomag-Radschlepper. Wärend des Zweiten Weltkriegs produzierte man auch Holzgas-Fahrzeuge, die später zurückgebaut wurden. Kurz nach Kriegsende nahm Hanomag die Fertigung wieder auf, auch das Exportgeschäft belebte sich. 1958 fusionierten die Werke mit dem Essener Montankonzern „Rheinstahl" zur Rheinstahl-Hanomag. Zwei Jahre später dann das 125-jährige Bestehen, der 200 000. Schlepper lief vom Band. Doch Hanomag hatte durch den Einbau ventilloser Zweitakt-Dieselmotoren Vertrauen eingebüßt. Bis zur letzten Modellreihe 1971 konnte die Stagnation nicht mehr aufgehalten werden, der Marktanteil lag nur noch bei 6 %. Die Bilanz: 250 000 Traktoren in fast 60 Jahren. Hier ein Modell aus guten Tagen: der WD-Radschlepper R 28/32.

Hanomag WD-Radschlepper R 28/32, Verkehrsausführung

Um die Zugkraft des ohnehin schon sehr leistungsfähigen WD-Verkehrsschleppers noch weiter zu erhöhen, konnte dieser anstelle der Speichenradsätze wahlweise auch mit schweren Gusseisenfelgen bestückt werden. Damit stieg das Gewicht auf etwa 3500 kg. Für den Anhängerbetrieb war eine Druckluftbremsanlage lieferbar. Die letzten Ausführungen des WD-Schleppers gab es auf Wunsch bereits mit Luftreifen, wodurch sich dessen Einsatzspektrum noch weiter erhöhte.

Modell:	Hanomag WD-Radschlepper R 28/32
Baujahr/Prod.-Zeitraum:	1928–1932
PS/kW:	28–32/20,5–23,4
Hubraum (ccm):	4252
geb. Stückzahl:	–

Hanomag-Kettenschlepper K 50

Modell:	Hanomag-Kettenschlepper K 50
Baujahr/Prod.-Zeitraum:	1933–1944
PS/kW:	50/36,6
Hubraum (ccm):	5195
geb. Stückzahl:	–

Wie kaum ein anderes deutsches Unternehmen konnten die Hanomag-Werke auf eine langjährige Erfahrung beim Bau von Kettenschleppern zurückblicken. Dazu gehörte auch das Modell K 50, das hier in einem bestens restaurierten Exemplar von 1938 zu sehen ist. Das Fahrzeug war mit dem D 52-Vierzylinder-Dieselmotor, wie er auch in den Radschleppern verwendet wurde, bestückt. Der K 50 wurde nicht nur für schwere Ackerarbeiten, sondern auch auf Baustellen mit Planierschild als Erdbewegungsmaschine eingesetzt.

Hanomag SR 45

Modell:	Hanomag SR 45
Baujahr/Prod.-Zeitraum:	1936–1942
PS/kW:	45/32,9
Hubraum (ccm):	5195
geb. Stückzahl:	–

Die Hanomag-Radschlepper der 1930er Jahre waren auch als Straßenzugmaschinen sehr beliebt. Der seit 1936 erhältliche SR 45 erreichte mit Luftbereifung 28,6 km/h und war damit die schnellste Ausführung aller Hanomag-Radschlepper. Ausgerüstet mit einer Druckluftbremsanlage war der bis zu 3900 kg schwere Schlepper auch im Anhängerbetrieb gut einsetzbar.

Hanomag RL 20

Modell:	Hanomag RL 20
Baujahr/Prod.-Zeitraum:	1937–1942/1948–1949
PS/kW:	20/14,6
Hubraum (ccm):	1911
geb. Stückzahl:	4320

Eine ganz andere Zielgruppe hatte Hanomag mit dem Bauernschlepper RL 20 im Auge. Im Zuge der von der Reichsregierung propagierten Autarkiebestrebungen, nach denen Deutschland von Einfuhren weitgehend unabhängig sein sollte, wurde zwangsläufig ein großer Wert auf gesteigerte Ernteerträge gelegt. Die vielen kleinbäuerlichen Betriebe mit Gespannhaltung waren dabei ein großes Hindernis. Um möglichst vielen Landwirten ein preiswertes motorisches Zugfahrzeug zu ermöglichen, stellte Hanomag 1937 den RL 20 vor, dessen Motor aus der werkseigenen Pkw-Fertigung stammte und der auch äußerlich mehr einem Pkw als einem Ackerschlepper ähnelte.

Hanomag R 40

Der R 40 wurde nicht nur als Ackerschlepper – es gab ihn in den Ausführungen B und G auch mit Eisenrädern –, sondern auch als Straßenzugmaschine eingesetzt. Der luftbereifte R 40 besaß ein Fünfganggetriebe für maximal 18,7 km/h und serienmäßig eine Zapfwelle, während die Riemenscheibe zum Sonderzubehör zählte. Ein Verdeck konnte auf gleiche Weise bezogen werden, und die Druckluftbremsanlage für

Modell:	Hanomag R 40
Baujahr/Prod.-Zeitraum:	1942–1951
PS/kW:	40/29,3
Hubraum (ccm):	5195
geb. Stückzahl:	12 000

Anhängerbetrieb war recht verbreitet. Nur der Krieg verhinderte eine noch größere Verbreitung dieses soliden und starken Radschleppers.

Hanomag R 40 Holzgas

Die Konstruktion bzw. Umrüstung von Schleppern auf den Betrieb fester Brennstoffe trug maßgeblich dazu bei, die Produktion landwirtschaftlicher Erzeugnisse und damit die Ernährung der Bevölkerung auch in den letzten Kriegsjahren zu gewährleisten. Neben Fahrzeugen für die Feldarbeit wurden ebenso Holzgasschlepper für Straßentransporte benötigt, denn die relativ geringen Kraftstoffvorräte blieben in erster Linie den Fronteinheiten vorbehalten. Nach dem Krieg wurden die noch vorhandenen Holzgas-Schlepper in der Regel schon bald wieder auf flüssige Kraftstoffe rückgebaut. Hier einer der wenigen noch erhaltenen Radschlepper dieser Art mit geschlossenem Fahrerhaus aus dem Jahr 1943.

Modell:	Hanomag R 40 Holzgas
Baujahr/Prod.-Zeitraum:	1942–1945
PS/kW:	40/29,3
Hubraum (ccm):	5702
geb. Stückzahl:	–

Hanomag R 40 B

Bereits unmittelbar nach Kriegsende konnte das im Jahr 1942 erstmals erschienene Hanomag-Modell R 40 zunächst in kleinen Stückzahlen weitergebaut werden. In der Regel wurde dieser zugstarke Radschlepper mit Luftreifen geordert. Lediglich im ab 1947 langsam wieder anlaufenden Exportgeschäft kam die Variante mit Eisenrädern gelegentlich noch zum Tragen. Der berühmte und bewährte D 52-Dieselmotor gelangte auch weiterhin zum Einbau. Das Hanomag-Getriebe besaß fünf Vorwärtsgänge bis 18,7 km/h. Die Ausführung B hatte einen elektrischen Anlasser, die schon bald an Bedeutung verlierende Variante G hingegen eine Benzin-Anlassvorrichtung.

Modell:	Hanomag R 40 B
Baujahr/Prod.-Zeitraum:	1942–1951
PS/kW:	40/29,3
Hubraum (ccm):	5195
geb. Stückzahl:	12 000

Hanomag R 28 B

Modell:	Hanomag R 28 B
Baujahr/Prod.-Zeitraum:	1951–1953
PS/kW:	28/20,5
Hubraum (ccm):	2799
geb. Stückzahl:	–

Hier ein Hanomag-Traktor des Typs R 28 mit kleiner Ackerbereifung hinten, der mit Windschutzscheibe, Scheibenwischer und festem Verdeck ausgerüstet ist. Der R 28 verschwand schon bald zugunsten des nahezu gleich starken R 27 aus den Verkaufslisten. Daher wurde bei ihm die im Rahmen der äußeren Aktualisierung durchzuführende Änderung an der Kühlermaske nicht mehr vollzogen.

Hanomag R 16 A

Das 1951 vorgestellte Modell R 16 war der kleinste Hanomag-Schlepper der beginnenden 1950er Jahre. Erstmals wurde bei diesem Typ ein Zweizylinder-Viertakt-Dieselmotor mit Wasserkühlung verwendet. Das Gewicht dieses mit einem Fünfganggetriebe bestückten Fahrzeugs stand mit 1170 kg zu Buche. Gegen Aufpreis waren zusätzliche Kriechgeschwindigkeiten für Saat- und Pflegearbeiten erhältlich. Hier ein Fahrzeug der Ausführung A mit 7-36-Hinterrädern von 1956.

Modell:	Hanomag R 16 A
Baujahr/Prod.-Zeitraum:	1951–1957
PS/kW:	16/11,7
Hubraum (ccm):	1400
geb. Stückzahl:	–

Hanomag R 324 E

Für das Jahr 1957 kamen beim Schlepperprogramm der Hanomag-Werke umfangreiche Änderungen zum Tragen. Zunächst einmal wurden die bisher zweistelligen Typenbezeichnungen durch dreistellige Zahlenkombinationen ersetzt. Abgesehen von den schweren Radschleppern erhielten alle Modelle eine abgerundete Motorverkleidung. So wurde aus dem R 27 das Modell R 324 E, das technisch weitgehend unverändert blieb. Das Baujahr dieses Schleppers ist mit 1959 angegeben.

Modell:	Hanomag R 324 E
Baujahr/Prod.-Zeitraum:	1957–1959
PS/kW:	27/19,8
Hubraum (ccm):	2099
geb. Stückzahl:	–

Hanomag Granit 500

Hier ein 1967 gebauter und nach Belgien exportierter Schlepper. Diese Fahrzeuge waren an ihrer roten Lackierung mit dunkelgelben Felgen erkennbar. Das Fahrzeug besitzt noch den anfänglich vorhandenen Dreizylinder-D 21-CR-Dieselmotor, der aber schon sehr bald durch den neuen Kurzhubmotor D 131 R ersetzt werden sollte.

Modell:	Hanomag Granit 500
Baujahr/Prod.-Zeitraum:	1966–1967
PS/kW:	40/29,3
Hubraum (ccm):	2099
geb. Stückzahl:	–

Hanomag Robust 900 Allrad

Die Allradausführung des Robust 900 war zwar leistungsmäßig mit dem Standardschlepper identisch; hinsichtlich Zugkraft und Geländefähigkeit aber lag sie uneingeschränkt an der Spitze. Es war ein aufwändig konstruierter Bolide, der die damaligen Mitbewerber in keiner Weise zu scheuen brauchte. Aufgrund seiner überdurchschnittlichen Kraft wurde der Allradschlepper auch gern für den Forsteinsatz mit Seilwinde verwendet. Die Hydraulik hatte eine Hubkraft von 3000 kg und der Schlepper selbst ein Gewicht von 4030 kg. Da es für den Abtrieb zur Vorderachse viele unterschiedliche Übersetzungen gab, waren verschiedene Bereifungskombinationen möglich. Dieser 900 A mit Fritzmeier FK 6001-Allwetterverdeck gehört offenbar zu den letzten, im Frühjahr 1971 gefertigten Exemplaren. Seine Erstzulassung erfolgte im September 1971.

Modell:	Hanomag Robust 900 Allrad
Baujahr/Prod.-Zeitraum:	1967–1971
PS/kW:	85–92/62,2–67,3
Hubraum (ccm):	4712
geb. Stückzahl:	–

Hart-Parr

Die im Jahr 1897 gegründete Firma Hart-Parr gehört zweifelsohne zu den Pionieren der amerikanischen Traktorindustrie. Nachdem 1902 der erste Traktor entstanden war, spezialisierte man sich zunächst auf große, ölgekühlte Maschinen. Ab 1918 wurden kleinere, mit quer eingebauten Motoren ausgerüstete Traktoren produziert. In der aufstrebenden Konjunktur der Nachkriegsjahre verkauften sich die Fahrzeuge gut – trotzdem wurde Hart-Parr 1929 durch die Firma Oliver übernommen. Der hier abgebildete Ackerschlepper Hart-Parr 18-36 ist ein schönes Beispiel für die Konstruktionskunst des amerikanischen Unternehmens.

Modell:	Hart-Parr 18-36, Ackerschlepper
Baujahr/Prod.-Zeitraum:	1924
PS/kW:	36/26,4
Hubraum (ccm):	8207
geb. Stückzahl:	–

HELA

Modell:	Hela D 40
Baujahr/Prod.-Zeitraum:	1938–1949
PS/kW:	22/16,1
Hubraum (ccm):	2198
geb. Stückzahl:	350

Die Firma Hermann Lanz – mit dem Mannheimer Namensvetter nicht verwandt – wurde 1888 in Aulendorf gegründet. Wie andere süddeutsche Traktorhersteller baute Hermann Lanz Landmaschinen, bis er 1936 den D 37 präsentierte, aus dem der langlebige Bauernschlepper D 40 entstand. Nach dem Zweiten Weltkrieg etablierte sich die Firma. Doch Ende der 1950er Jahre wurde das überwiegend auf Baden-Württemberg fixierte Unternehmen vom Rückgang des Schlepper-Booms getroffen. Trotz einer breiten Modellpalette fanden die Hela-Traktoren Ende der 1960er Jahre immer weniger Abnehmer. 1978 wurde die Produktion endgültig eingestellt. Abgebildet ist der Hela D 40, mit dem der Hersteller noch schwarze Zahlen schrieb.

Hela D 117

Den 18-PS-Schlepper D 117 von Hela gab es wahlweise mit luft- oder wassergekühltem Zweizylinder-Dieselmotor der Motoren-Werke Mannheim oder mit einem Hela-Antriebsaggregat. Darüber hinaus war dieses 1325 kg schwere Fahrzeug mit einem Sechsganggetriebe mit Kriechgang sowie mit einer gefederten Pendelvorderachse ausgerüstet.

Modell:	Hela D 117
Baujahr/Prod.-Zeitraum:	1957–1960
PS/kW:	18/13,2
Hubraum (ccm):	1400
geb. Stückzahl:	1630

Hier ein 1959 gebauter Traktor mit bereits geringfügig modifiziertem Kühlerschutzgitter.

HSCS

Modell:	HSCS Le Robuste R 30/35
Baujahr/Prod.-Zeitraum:	1933–1944
PS/kW:	35/25,6
Hubraum (ccm):	9546
geb. Stückzahl:	–

Die in Budapest ansässige Landmaschinenfabrik Hofher-Schrantz-Clayton-Schuttleworth (HSCS) war ein traditionsreiches Unternehmen, das seit 1891 Landmaschinen und Lokomobile im Programm hatte. 1923 folgte der erste mit einem liegenden Benzinmotor angetriebene Schlepper. Bereits ein Jahr später erschien der erste Rohöltraktor mit 15 PS. In den 1930er Jahren präsentierte HSCS eine breite Palette von Glühkopfmodellen unterschiedlicher Leistung. Damit wurden die Bedürfnisse von mittelgroßen bis großen Landgütern abgedeckt. Hier das Fahrzeug HSCS Le Robuste R 30/35 aus dem Jahr 1937.

Hürlimann

Hans Hürlimann aus Wil in der Schweiz stellte 1929 seinen Schlepper 1 K 8 vor. Trotz seiner geringen Größe war dieser Traktor recht zugstark und wurde für viele bäuerliche Betriebe zu einer vielseitigen Hilfskraft, die unterschiedlichste Arbeiten erledigen konnte. Nach dem Zweiten Weltkrieg brachten die Hürlimann-Werke 1946 mit dem Typ D 100 den ersten Dieselschlepper einer neuen Typenreihe heraus. Die Firma versuchte auf vielfältige Weise, den wachsenden Druck vor allem durch preisgünstigere ausländische Mitbewerber entgegenzuwirken. Das wurde ab 1958 immer schwieriger, weil die Schweiz die Einfuhrbeschränkungen für ausländische Fabrikate aufgehoben und die Zölle drastisch gesenkt hatte. Aufgrund rückläufiger Verkaufszahlen kam es in den späten 1970er Jahren zu Kooperationen mit SAME und Lamborghini, sodass sich Hürlimann bis heute am Markt halten konnte. Hier abgebildet ist ein D 400 von 1939, ein leistungsstarker Industrietraktor.

Modell:	Hürlimann D 400
Baujahr/Prod.-Zeitraum:	1939–1950
PS/kW:	45/32,9
Hubraum (ccm):	4019
geb. Stückzahl:	–

Hürlimann D 100

Der Hürlimann-Motor des D 100 wog 450 kg und wurde in verschiedenen Modellen verwendet. Der D 100 besaß einen elektrischen Anlasser sowie eine 24-Volt-Beleuchtungsanlage, die durch einen Regler auf 12 Volt reduziert wurde. Bis auf Reifen, Kugellager, Gussteile und die Elektrik wurden alle Bestandteile der Hürlimann-Traktoren im eigenen Werk gefertigt. Hier ein schöner D 100 mit Seitenmähwerk aus dem Jahr 1951.

Modell:	Hürlimann D 100
Baujahr/Prod.-Zeitraum:	1946–1956
PS/kW:	45/32,9
Hubraum (ccm):	4019
geb. Stückzahl:	1465

Hürlimann D 50

1946 brachte Hürlimann mit dem Typ D 100 den ersten Dieselschlepper einer neuen Typenreihe heraus. Ein Merkmal dieses und der nachfolgenden Modelle bestand darin, dass diese schweizerischen Qualitätstraktoren bis auf ganz wenige Ausnahmen aus selbstgefertigten oder im Werksauftrag speziell hergestellten Bauteilen bestanden. 1948 kam das Modell D 50 hinzu – ein mittelschwerer Zweizylinder-Diesel-Traktor mit fünf Vorwärtsgängen, einem Rückwärtsgang und 1580 kg Gewicht. Hier ein vorzüglich wiederhergestelltes Fahrzeug mit Seitenmähwerk aus dem Jahr 1948. Diese und auch die weiteren Modelle dieses Herstellers zeichneten sich durch eine optische Formschönheit aus.

Modell:	Hürlimann D 50
Baujahr/Prod.-Zeitraum:	1948–1952
PS/kW:	28/20,5
Hubraum (ccm):	2520
geb. Stückzahl:	–

Hürlimann H 12

Modell:	Hürlimann H 12
Baujahr/Prod.-Zeitraum:	1949–1955
PS/kW:	32/23,4
Hubraum (ccm):	2400
geb. Stückzahl:	–

Neben den neuen Dieseltraktoren gab es weiterhin verschiedene Modelle, die über einen Vergaserantrieb verfügten und daher entweder mit Benzin oder Petroleum betrieben werden konnten. Dazu zählte auch das Modell H 12 mit 1470 kg Gewicht, in dem ein wassergekühlter Vierzylinder-Vergasermotor arbeitete. Darüber hinaus war das Fahrzeug mit einem Fünfganggetriebe mit Rückwärtsgang bestückt. Der abgebildete Traktor wurde im Jahr 1949 gebaut.

Hürlimann D 90

Mit einer neuen, aus drei Traktormodellen mit unterschiedlich abgestuften Triebwerken bestehenden Schleppergeneration, die mit Aggregaten der ab 1957 neu entwickelten Motorreihe DS 70 bestückt wurden, gelang es Hürlimann, technisch hochwertige Fahrzeuge vorzustellen. Dazu zählte auch das mit dem wassergekühlten Vierzylinder-Dieselmotor DS 70 ausgerüstete Modell D 90, ein Fahrzeug mit Motorzapfwelle, Doppelkupplung und Zehnganggetriebe. Hier ein gut restaurierter Schlepper mit Windschutzscheibe und Dach von 1963.

Modell:	Hürlimann D 90
Baujahr/Prod.-Zeitraum:	1958–1966
PS/kW:	45/32,9
Hubraum (ccm):	2646
geb. Stückzahl:	–

Hürlimann D 130 A

Auch als Fabrikant von soliden Allradtraktoren trat die Firma Hürlimann ab 1965 hervor, wobei die gefertigten Stückzahlen allerdings kaum der Rede Wert waren. Das Modell D 130 A war ein solcher Traktor mit angetriebener Vorderachse, der 3300 kg auf die Waage brachte. Weiterhin kam ein synchronisiertes Triebwerk mit zwölf Vorwärts- und sechs Rückwärtsgängen sowie ein wassergekühlter Vierzylinder-Dieselmotor eigener Konstruktion und Fertigung zur Verwendung. Hier ein hervorragend restauriertes Fahrzeug dieses Typs von 1969.

Modell:	Hürlimann D 130 A
Baujahr/Prod.-Zeitraum:	1969–1972
PS/kW:	77/56,4
Hubraum (ccm):	4433
geb. Stückzahl:	–

INTERNATIONAL HARVESTER

1902 schlossen sich die Hersteller McCormick und Deering zur International Harvester Company zusammen. Die Firmen unterhielten weiter getrennte Vertriebsorganisationen, die fast identische Fahrzeuge mit unterschiedlichem Namen anboten: so verkaufte McCormick den Mogul, Deering den Titan. Die Firma aus Chicago etablierte sich schnell, sodass in den 1930er Schlepper in großer Stückzahl für die aufstrebende Landwirtschaft produziert wurden. Nach dem Zweiten Weltkrieg boomten neue Modelle: es entstanden weltweit Zweigwerke, u.a. in England, Deutschland, Frankreich und Australien. International Harvester – heute ein Global Player. Hier der ab 1915 produzierte International 8-16 Mogul von 1916.

Modell:	International 8-16 Mogul
Baujahr/Prod.-Zeitraum:	1916
PS/kW:	16/11,7
Hubraum (ccm):	7644
geb. Stückzahl:	im Jahr 1918 mehr als 17 000

International 10-20 Titan

Modell:	International 10-20 Titan
Baujahr/Prod.-Zeitraum:	1915–1924
PS/kW:	20/14,6
Hubraum (ccm):	7644
geb. Stückzahl:	mehr als 78 000

Die Standardausführung des 10-20 war eisenbereift mit Metallauflagen an den Hinterrädern. Damit konnte er auch befestigte Straßen und Wege benutzen. Der mit Benzin oder Petroleum zu betreibende Zweizylindermotor erzielte seine Maximalleistung bei 575 U/min. Der für die Motorkühlung erforderliche Wassertank mit 180 Liter Fassungsvermögen befand sich über der Vorderachse. Der Titan war mit einem Stahlträgerrahmen ausgebildet und der Antrieb erfolgte über eine Kette.

McCormick-Deering 10-20, Ackerausführung

Der sehr fortschrittliche 10-20 bedeutete für den ähnlich gearteten Fordson-Traktor eine große Konkurrenz, zumal er dem Fordson in manchen Ausstattungsmerkmalen überlegen war. Er war allerdings auch teurer als der Fordson. So besaß der International 10-20 eine Magnetzündung, eine verbesserte Kupplung und zusätzlich zur Riemenscheibe eine Zapfwelle.

Modell:	McCormick-Deering 10-20, Ackerausführung
Baujahr/Prod.-Zeitraum:	1923–1942
PS/kW:	20/14,6
Hubraum (ccm):	4431
geb. Stückzahl:	216 000

Hier ein restauriertes eisenbereiftes Fahrzeug mit Spatengreifern an den Hinterrädern.

Farmall Regular, Ackerschlepper

Der als Rahmenkonstruktion ausgeführte Farmall Regular war als Universalschlepper mit unterschiedlichen Bereifungsarten erhältlich. Er eignete sich aufgrund seiner Bauweise für Kulturarbeiten aller Art, aber auch zum Pflügen, wobei er problemlos mit einem Zweischarpflug tiefpflügen konnte. Im Jahr 1932 wurde er durch das verbesserte Modell F 20 ersetzt. Hier ein mit Eisenspeichenrädern bereifter Regular mit Laufringen.

Modell:	Farmall Regular
Baujahr/Prod.-Zeitraum:	1924–1932
PS/kW:	24/17,6
Hubraum (ccm):	3432
geb. Stückzahl:	etwa 45 000

FARMALL F 12

Erstmals 1933 gelangte das Modell F 12 zur Auslieferung, das von einem Vierzylinder-Vergasermotor mit Wasserkühlung angetrieben wurde. Den 1215 kg schweren Farmall-Schlepper F 12 gab es zunächst überwiegend eisenbereift und mit Dreiganggetriebe. Dieser schöne Breitspurschlepper mit stählernen Spatengreiferrädern entstand 1936.

Modell:	Farmall F 12
Baujahr/Prod.-Zeitraum:	1933–1939
PS/kW:	15/11
Hubraum (ccm):	1400
geb. Stückzahl:	–

Farmall F 12

Modell:	Farmall F 12
Baujahr/Prod.-Zeitraum:	1933–1939
PS/kW:	15/11
Hubraum (ccm):	1400
geb. Stückzahl:	–

Der F 12 wurde auch in konventioneller Bauform wie hier als eisenbereifter Ackerschlepper mit hinteren Spatengreiferrädern geliefert. Der F 12 war in Halbrahmenbauweise konstruiert und entsprechend der damaligen Bauform dieses Herstellers an der über der Motorabdeckung verlaufenden Steuersäule erkennbar. Die ebenfalls übliche Typenbezeichnung „McCormick-Deering" sollte an die beiden Firmengründer erinnern.

McCormick-Deering WD 40

Mit dem WD 40 war International Harvester erstmals mit einem schweren Modell präsent. Der Traktor wurde durch einen wassergekühlten Vierzylindermotor angetrieben. Es stand ein Vierganggetriebe zur Verfügung, das den 3398 kg schweren Schlepper in der luftbereiften Ausführung auf 19,2 km/h beschleunigen konnte. Im übrigen war dies der erste in Großserie gefertigte Dieseltraktor in den Vereinigten Staaten. Dieses luftbereifte Fahrzeug ist von 1937.

Modell:	McCormick-Deering WD 40
Baujahr/Prod.-Zeitraum:	1934–1940
PS/kW:	53/38,8
Hubraum (ccm):	5538
geb. Stückzahl:	–

Farmall H

Auch bei International Harvester wurde die Modellpalette nach Kriegsende stark erweitert, wobei man allerdings zunächst auf bewährten Typen aufbauen musste. Aus dem Jahr 1938 stammte das Modell H – hier ein Breitspurtraktor von 1946 –, das noch eine Zeit lang mit Erfolg verkauft wurde. Es war ein leichterer Traktor in Rahmenbauweise mit verstellbarer Spurweite, der zu den erfolgreichsten Modellen dieses Herstellers gehörte. Sein Antrieb erfolgte durch einen wassergekühlten Vierzylinder-Vergasermotor. In diesen Traktor mit 1676 kg Gewicht war ein Vierganggetriebe in der Abstufung von 4,2 bis 25,1 km/h eingebaut.

Modell:	Farmall H
Baujahr/Prod.-Zeitraum:	1938–1953
PS/kW:	24/17,6
Hubraum (ccm):	2371
geb. Stückzahl:	390 000

Farmall M

Das ebenfalls noch aus der Vorkriegszeit stammende Farmall-Modell M gab es sowohl in einer Standardausführung als auch in einer Hackfruchtausführung mit doppelten Vorderrädern. Dieses Bild zeigt die Standardvariante mit stufenlos verstellbarer Spurweite. Der M war ein mittelschwerer Schlepper mit 2000 kg Gewicht, Vierganggetriebe und wassergekühltem Vierzylinder-Vergasermotor. Seit 1941 gab es dieses Modell in der Variante MD auch als Dieselschlepper. Dieser Farmall M ist von 1949.

Modell:	Farmall M
Baujahr/Prod.-Zeitraum:	1939–1952
PS/kW:	35/25,6
Hubraum (ccm):	4015
geb. Stückzahl:	–

Farmall Cub

Modell:	Farmall Cub
Baujahr/Prod.-Zeitraum:	1947–1958
PS/kW:	9/6,6
Hubraum (ccm):	960
geb. Stückzahl:	–

Nach dem Zweiten Weltkrieg weitete sich die Modellpalette dieses Unternehmens stark aus. Neben dem Stammwerk in Chicago gab es Werke in England, Deutschland, Frankreich, Australien und in anderen Ländern.

Im Jahr 1947 erschien erstmals das Modell Cub, ein Winzling mit nach links auf dem Halbrahmen versetzten Motor und rechts bis zur Vorderachse verlaufender Lenksäule. Er wurde u. a. auch in Frankreich gefertigt und war dort sehr verbreitet. Gleichzeitig war dies der kleinste Traktor in dem umfangreichen Verkaufsprogramm dieses Herstellers. Hier ein 1950 gebautes Fahrzeug.

Farmall Super A

Modell:	Farmall Super A
Baujahr/Prod.-Zeitraum:	1947–1954
PS/kW:	18/13,2
Hubraum (ccm):	1763
geb. Stückzahl:	–

Der seit 1939 lieferbare Farmall A hatte eine stromlinienförmige Motorhaube, unter der ein wassergekühlter Vierzylinder-Vergasermotor seine Arbeit verrichtete. Das installierte Vierganggetriebe war in den Geschwindigkeiten zwischen 3,7 und 15,4 km/h abgestuft. Dieses Modell hatte eine verstellbare Spur, und es war auch mit nach links versetztem Motor und Getriebe erhältlich. Ab 1947 wurde das Fahrzeug mit einer modernen Hydraulik ausgerüstet und damit zum Super A. Es war gleichzeitig der kleinste jemals gebaute IH-Traktor.

Farmall Super FCD

Modell:	Farmall Super FCD
Baujahr/Prod.-Zeitraum:	1952–1959
PS/kW:	26/19
Hubraum (ccm):	2371
geb. Stückzahl:	–

Der Super FCD war ein typischer Breitspurtraktor amerikanischer Bauart mit mehrfach verstellbarer Spurweite, der zwar in erster Linie für Reihenkulturen, andererseits aber auch für alle übrigen Feldarbeiten verwendet werden konnte. In dem 1300 kg schweren Super FC arbeiteten ein wassergekühlter Vierzylinder-Dieselmotor und ein Vierganggetriebe für Geschwindigkeiten zwischen 3,8 und 16,7 km/h. 1959 wurde der Super FC durch neue, besser auf europäische Verhältnisse abgestimmte Modelle ersetzt. Dieser Super FC stammt aus dem Jahr 1953.

McCormick Super WD 9

Erstmals 1953 kam mit dem McCormick-Modell Super WD 9 eine leistungsgesteigerte Ausführung des erfolgreichen WD 9 auf den Markt. Es war ein Traktor der Oberklasse, den es mit Vergaser- oder Dieselmotor gab. Infolge seiner hohen Leistung wurde der Super WD 9 auch als Industrieschlepper verwendet. Hier ein Super WD 9 mit Muschelkotflügeln aus dem Jahr 1955. Rechts vor den beeindruckenden Hinterrädern ist die Riemenscheibe zu erkennen.

Modell:	McCormick Super WD 9
Baujahr/Prod.-Zeitraum:	1953–1956
PS/kW:	60/43,9
Hubraum (ccm):	5520
geb. Stückzahl:	–

McCormick B 450

Im Jahre 1956 wurde eine neue International Harvester-Traktoren-Reihe vorgestellt, wozu auch das Modell B 450 gehörte. Dieser starke Schlepper wog 2748 kg und war mit einem wassergekühlten Vierzylinder-Dieselmotor bestückt, der seine Maximalleistung bei 1500 U/min abgab. Das Fünfganggetriebe ermöglichte Geschwindigkeiten zwischen 2,8 und 27 km/h. Die Hinterräder konnten mit unterschiedlichen Reifengrößen bestückt werden.

Modell:	McCormick B 450
Baujahr/Prod.-Zeitraum:	1956–1962
PS/kW:	55/40,3
Hubraum (ccm):	4329
geb. Stückzahl:	–

IHC Neuss

Modell:	McCormick-Deering FG
Baujahr/Prod.-Zeitraum:	1940–1951
PS/kW:	20/14,6
Hubraum (ccm):	2043
geb. Stückzahl:	1543

Die International Harvester Company gründete 1908 eine Niederlassung in Neuss. Zunächst wurden Landmaschinen hergestellt, ab 1936 auch benzingetriebene Traktoren. Nach Kriegsende kam die Fertigung nur langsam in Gang. Doch Ende der 1950er Jahre präsentierte man zum fünfzigsten Betriebsjubiläum vier Modelle einer neuen Schlepperreihe. 1962 war die Serie mit 10 Fahrzeugen komplett. Der Lohn: 1972 belegte IHC Neuss Platz 1 der deutschen Zulassungsstatistik, ein Jahr später blickte man auf eine Fertigung von 650 000 Traktoren zurück. Nach der Fusion von Case und International Harvester wurde das Werk 1997 geschlossen. Hier der erste Schlepper im IH-Rot, der McCormick-Deering FG von 1950.

Farmall-Diesel DGD 4

Modell:	Farmall-Diesel DGD 4
Baujahr/Prod.-Zeitraum:	1953–1956
PS/kW:	30/22
Hubraum (ccm):	2175
geb. Stückzahl:	8130

Der DGD 4 war ein Schlepper von 1370 kg Gewicht und mit dem Vierzylinder-Baukastenmotor der Serie bestückt. Die überaus erfolgreiche Baureihe wurde bis 1956 in nahezu 22 500 Exemplaren gefertigt, was für die Kürze der Zeit schon recht außergewöhnlich war. Hier ein 1954 gebauter toprestaurierter Schlepper mit dem gegen Aufpreis erhältlichen Wetterschutzdach.

Farmall D 214

Das fünfzigste Firmenjubiläum des Neusser IH-Werkes war Anlass, einige weitere Modelle in der bisherigen Standardbaureihe vorzustellen. Dazu gehörte der Typ D 214, der das Modell D 212 ersetzte. Bei diesem Fahrzeug mit Sechsganggetriebe war die erste Geschwindigkeitsstufe als Kriechgang ausgelegt. Ein hydraulischer Kraftheber mit Dreipunktaufhängung war als Sonderwunsch an diesem 1053 kg schweren Kleintraktor zu installieren.

Modell:	Farmall D 214
Baujahr/Prod.-Zeitraum:	1958–1962
PS/kW:	14/10,2
Hubraum (ccm):	1103
geb. Stückzahl:	8046

McCormick D 215

Modell:	McCormick D 215
Baujahr/Prod.-Zeitraum:	1962–1964
PS/kW:	15/11
Hubraum (ccm):	1088
geb. Stückzahl:	2318

Der International Harvester Company in Neuss war es gelungen, im Jahr 1960 mit 10 195 neu zugelassenen Schleppern und 11,5 % Marktanteil nach Deutz den zweiten Platz in der deutschen Zulassungsstatistik zu belegen – Folge der klaren und konsequenten Modellpolitik dieses Unternehmens. Das kleinste Fahrzeug, der Dieselschlepper D 215, hatte einen wassergekühlten Zweizylinder-Diesel und ein Sechsganggetriebe, wobei die erste Gangstufe als Kriechgeschwindigkeit ausgelegt war. Dieses sowohl als Alleinschlepper für kleine Höfe als auch als Zweit- und Pflegefahrzeug in größeren Betrieben einsetzbare Fahrzeug hatte verstellbare Spurweiten und 8-24er Hinterradbereifung. Hier ein gut restaurierter D 215 mit Mähwerk von 1964.

McCormick D 514

Modell:	McCormick D 514
Baujahr/Prod.-Zeitraum:	1963–1965
PS/kW:	53/38,8
Hubraum (ccm):	3080
geb. Stückzahl:	1199

In Ermangelung eines derzeit noch nicht vorhandenen schwereren Schleppers bezog das IH-Werk in Neuss seit 1963 ein als International 504 in den USA vertriebenes Traktormodell. Für den deutschen und europäischen Markt musste es den hier geltenden Vorschriften und Einsatzbedingungen angepasst werden. Dieses Fahrzeug wurde unter der Typenbezeichnung D 514 verkauft. Das mit einem Vierzylinder-Diesel bestückte Fahrzeug hatte ein Fünfganggetriebe, das sich mit dem mechanischen Drehmoment-Wandler auf fünf zusätzliche Zwischenstufen erweitern ließ. Motorzapfwelle und IH-Regelhydraulik waren serienmäßig.

IH 353

Modell:	IH 353
Baujahr/Prod.-Zeitraum:	1967–1972
PS/kW:	36/26,4
Hubraum (ccm):	2356
geb. Stückzahl:	19 167

Der mittelschwere IH 353 war ein moderner Blockbauschlepper, der viele Einrichtungen aufwies, die sowohl dem Bedienungskomfort als auch der Bequemlichkeit des Fahrers dienten. Er war technisch gut bestückt, unverwüstlich und sehr robust. Die Mitglieder dieser Schlepperreihe waren sehr wartungsfreundlich und erforderten nur ein Mindestmaß an Pflege. So war nur alle 200 Betriebsstunden ein Ölwechsel erforderlich. Dieses 1970 gefertigte Fahrzeug ist mit einem Sicherheitschutzrahmen gemäß der Unfallverhütungsvorschriften ausgerüstet.

JCB

Die vom englischen Hersteller JCB aus Rochester gebaute Fastrac-Reihe umfasst derzeit sechs Modelle mit Motorleistungen zwischen 115 und 220 PS. Der Antrieb erfolgt durch Sechszylinder-Turbodieselmotoren mit Vierventiltechnik, Ladeluftkühlung und elektronischer Motorregelung, die vom Motorenfabrikanten Cummins geliefert werden. Alle Fahrzeuge sind in Rahmenbauweise konstruiert. Es stehen insgesamt 54 Vorwärts- und 18 Rückwärtsgänge in dem unter Volllast schaltbaren Getriebe zur Verfügung. Die Höchstgeschwindigkeit dieser Trac-Allradschlepper beträgt 65 oder 80 km/h. Hier zu sehen der JCB 3190.

Modell:	JCB 3190
PS/kW:	193/144
Hubraum (ccm):	5883

John Deere

Die Anfänge des Weltkonzerns Deere & Company, Moline, lassen sich bis 1837 zurückverfolgen. Neben der Landmaschinenproduktion kam noch vor dem Ersten Weltkrieg der Traktorbau hinzu. 1928 erschien der Allzweckschlepper 10-20 GP, der als erster eine hydraulische Hubvorrichtung besaß. Anfang der 1930er Jahre litt auch John Deere unter der Wirtschaftskrise, konnte aber dank einer weit blickenden Unternehmenspolitik 1945 gestärkt in den Nachkriegsmarkt gehen. 1956 expandierte John Deere mit der Übernahme der Mannheimer Firma Heinrich Lanz AG nach Europa. In den 1960er und 1970er Jahren nahm die weltweite Vermarktung der Deere-Traktoren kontinuierlich zu. Der Erfolg hält an: John Deere steht heute für fast 100 Jahre Traktorbau auf Spitzenniveau. Hier eines der ersten Markenprodukte, ein 10-20 mit Eisenrädern.

Modell:	John Deere 10-20 GP
Baujahr/Prod.-Zeitraum:	1928–1935
PS/kW:	20/14,6
Hubraum (ccm):	4852
geb. Stückzahl:	–

JOHN DEERE B

Das Modell B von John Deere, eine verkleinerte Ausführung des Typs A, wurde zeitgleich mit diesem entwickelt und vorgestellt. Da in den Vereinigten Staaten mehr als die Hälfte aller Farmen zu den Kleinbetrieben zählten, lohnte es sich durchaus, ein auf deren Bedürfnisse zugeschnittenes Fahrzeug zu entwickeln. Auch im B war ein wassergekühlter Zweizylindermotor von John Deere eingebaut, wenngleich er gegenüber dem Typ A mit einer höheren Drehzahl arbeitete. Das anfangs installierte Vierganggetriebe wurde später durch eines mit sechs Gängen ersetzt. Hier ein 1935 gebauter, restaurierter Breitspurschlepper mit Spatenrädern hinten.

Modell:	John Deere B
Baujahr/Prod.-Zeitraum:	1934–1947
PS/kW:	14/10,2
Hubraum (ccm):	2324
geb. Stückzahl:	–

John Deere D

Das überaus erfolgreiche D-Modell von John Deere entstand im Jahr 1923. Es war das erste Traktormodell, das den Namen John Deere trug. Ebenso gelangte im D erstmals der viele Jahre für diese Marke typische Zweizylindermotor zur Anwendung, der gegenüber den Vierzylindermaschinen Vorteile hinsichtlich der Herstellungs- und Instandhaltungskosten bot. Zunächst lag die kontinuierlich gesteigerte Motorleistung bei 27 PS; zum Produktionsende war sie bei 42 PS angelangt. Das Geheimnis des über 30-jährigen Erfolges war in erster Linie den einfachen, robusten und zuverlässigen Konstruktionsmerkmalen zu verdanken. Hier ein Breitspurschlepper mit Eisenrädern aus dem Jahr 1941.

Modell:	John Deere D
Baujahr/Prod.-Zeitraum:	1923–1953
PS/kW:	27–42/19,8–30,7
Hubraum (ccm):	7925
geb. Stückzahl:	160 000

John Deere A

Das luftbereifte Modell A erreichte in der ab 1942 verwendeten sechsgängigen Getriebevariante eine Höchstgeschwindigkeit von 20,9 km/h und konnte daher nicht nur für die Feldarbeit, sondern auch als Universaltraktor eingesetzt werden. Ankoppelpunkte und Zapfwelle lagen in der Fahrzeuglängsachse in der Mitte eines neu konstruierten einteiligen Getriebegehäuses, um dem seitlichen Abdriften der Anbaugeräte entgegenzuwirken.

Modell:	John Deere A
Baujahr/Prod.-Zeitraum:	1934–1952
PS/kW:	24/17,6
Hubraum (ccm):	3214
geb. Stückzahl:	328 000

John Deere B

Während das Modell A für Farmbetriebe durchschnittlicher Größe in Frage kam, stand der Typ B bei Kleinbetrieben oder als Zweitschlepper auf größeren Farmen hoch im Kurs. Das in der Sechsgangausführung bis zu 16 km/h schnelle Modell B wurde mit Benzin oder Petroleum betrieben und wog 1241 kg. Die Bodenfreiheit der John Deere-Breitspurtraktoren war außergewöhnlich hoch, und aufgrund der verstellbaren Achsen konnte das Modell B zwei Feldreihen bearbeiten.

Modell:	John Deere B
Baujahr/Prod.-Zeitraum:	1934–1947
PS/kW:	14/10,2
Hubraum (ccm):	2324
geb. Stückzahl:	–

John Deere D

Der sehr bedeutende Traktorfabrikant John Deere konnte nach 1945 mit einer guten Ausgangsposition in den Nachkriegsmarkt gehen. Neben Traktoren brachte das Unternehmen viele Neuentwicklungen, darunter die ersten selbstfahrenden Mähdrescher, auf den Markt. Das Modell D – hier ein „gestyltes" Fahrzeug aus dem Jahr 1947 – stammte noch aus den 1920er Jahren, war aber weiterhin erfolgreich und aktuell, nachdem es Ende der 1930er Jahre eine neue Motorverkleidung von dem Industriedesigner Henry Dreyfuss erhalten hatte. Es besaß den charakteristischen wassergekühlten Zweizylinder-Viertakt-Vergasermotor eigener Herstellung, der seine Höchstleistung bei 900 U/min zur Verfügung stellte. Das Dreiganggetriebe des 2600 kg schweren Traktors reichte bis 8,5 km/h.

Modell:	John Deere D
Baujahr/Prod.-Zeitraum:	1923–1953
PS/kW:	40/29,3
Hubraum (ccm):	7925
geb. Stückzahl:	160 000

John Deere MC

Modell:	John Deere MC
Baujahr/Prod.-Zeitraum:	1946–1952
PS/kW:	21/15,4
Hubraum (ccm):	1660
geb. Stückzahl:	über 6000

Der MC war der erste bei John Deere entworfene und fabrizierte Raupenschlepper, der technisch auf dem Schleppermodell M basierte. Der kleine Kettenschlepper besaß daher auch das wassergekühlte Zweizylinder-Vergaserantriebsaggregat dieses Fahrzeugs und das Vierganggangetriebe, das aufgrund der Schlepperbauweise allerdings nur Geschwindigkeiten zwischen 1,9 und 9,6 km/h ermöglichte. Hier ein toprestauriertes Fahrzeug von 1946.

John Deere 40

Der John Deere 40 hatte 1953 sein Debut. Es war das kleinste Fahrzeug dieser neuen Schlepperbaureihe. Das Fahrzeug war mit der neuen, vom Fahrersitz zu betätigenden, leistungsstarken Hydraulik und einer Motorzapfwelle bestückt. Der neu entwickelte wassergekühlte zweizylindrige Dieselmotor konnte aufgrund seiner Brennraumform und seiner neu gestalteten Einlasskanäle als sehr sparsamer Vielstoffmotor betrieben werden. Hier ein Row-crop-Schlepper aus dem Jahr 1953.

Modell:	John Deere 40
Baujahr/Prod.-Zeitraum:	1953–1956
PS/kW:	21/15,4
Hubraum (ccm):	1650
geb. Stückzahl:	–

John Deere 70

Hier ein gut restauriertes Modell 70 in der Hackfruchtausführung mit vorderen Doppelrädern aus dem Jahr 1955.

Modell:	John Deere 70
Baujahr/Prod.-Zeitraum:	1953–1956
PS/kW:	52/38,1
Hubraum (ccm):	7410
geb. Stückzahl:	–

Der Vielstoffdieselmotor mit Doppelvergaser konnte entweder mit Benzin, Petroleum, Destillaten, Flüssiggas oder Dieselkraftstoff betrieben werden. Die Spurweite des Row-crop-Schleppers konnte stufenlos verstellt werden. 1956 wurde die gesamte Baureihe durch neue Modelle ersetzt.

John Deere 4020

Modell:	John Deere 4020
Baujahr/Prod.-Zeitraum:	1965–1972
PS/kW:	100/73,2
Hubraum (ccm):	6637
geb. Stückzahl:	–

Der in Halbrahmenbauweise entworfene Typ 4020 hatte ein Leergewicht von 3830 kg und verfügte vorne und hinten über eine Motorzapfwelle. Dieser bis zu 32,2 km/h schnelle Schlepper war das leistungsmäßige Spitzenmodell dieser Reihe. Er verfügte über einen verstellbaren, gepolsterten und gut abgefederten Fahrersessel mit Armlehnen, einer hydraulischen Lenkung und war leicht zu bedienen. Dieses 1965 gebaute Fahrzeug mit 18.4-34er Hinterrädern besitzt ein am Umsturzbügel befestigtes Dach ohne Windschutzscheibe.

John Deere 2450

Modell:	John Deere 2450
Baujahr/Prod.-Zeitraum:	1986–1992
PS/kW:	70/51,2
Hubraum (ccm):	3920
geb. Stückzahl:	–

Das geringfügig stärkere Modell 2450 erschien zeitgleich mit dem Typ 2250 auf dem Markt. Hinsichtlich seines Preis-Leistungs-Verhältnisses war es ein idealer Schlepper besonders für mittlere Betriebsgrößen, zumal es ihn auf Wunsch auch – wie hier abgebildet – mit zuschaltbarem Allradantrieb gab. In Bezug auf Motor und Triebwerk entsprach dieses Modell – bis auf seine höhere Motorleistung – dem Typ 2250.

John Deere 6110

Ende des Jahres 1997 kam John Deere mit einer verbesserten 6000er-Generation, den Fahrzeugen der 6010er-Reihe, auf dem Markt. Die Mitglieder dieser neuen Reihe bestanden aus jeweils vier Vier- und Sechszylindertraktoren und deckten damit den Leistungsbereich von 80 bis 140 PS nahezu lückenlos ab. Daneben gab es für nahezu jeden Einsatzzweck ein auf diese Modelle abgestimmtes Zubehör. Das Modell 6110 war das kleinste Fahrzeug dieser Reihe und mit einem Vierzylinder-Turbodiesel mit Direkteinspritzung und Wasserkühlung ausgerüstet. Das lastschaltbare Wendegetriebe verfügte über jeweils 16 oder 24 Gangstufen vor- und rückwärts, die zusätzlich durch 12 Kriechgeschwindigkeiten im Vor- und Rückwärtsbereich ergänzt werden konnten.

Modell:	John Deere 6110
Baujahr/Prod.-Zeitraum:	seit 1997
PS/kW:	80/58,6
Hubraum (ccm):	4530
geb. Stückzahl:	–

John Deere 5315

Die Traktoren der aus vier Fahrzeugen zwischen 55 und 80 PS bestehenden Serie 5015 sind leichte Schlepper in der Kompaktklasse, die sich durch Zuverlässigkeit und Komfort auszeichnen. Ihr Antrieb besteht aus drei- oder vierzylindrigen als Saug- oder Turbodiesel ausgebildeten PowerTech-Motoren mit einem für ihre Klasse sehr großem Hubvolumen. Für diese Traktoren stehen vier unterschiedliche vollsynchronisierte Getriebe zur Wahl – vom 12/12-SynchroPlus-Wendegetriebe bis zum 24/12 Power-Reversierer mit zweifacher Lastschaltung und 0,5 bis 40 km/h Geschwindigkeitsbereich. Der Typ 5315 besitzt einen Dreizylinder-Turbomotor.

Modell:	John Deere 5315
PS/kW:	65/48
Hubraum (ccm):	2900

John Deere 5820

Die drei Traktoren der Reihe 5020 sind leichte Kompaktschlepper, die viele positive und innovative Eigenschaften in sich vereinen. Neben Zuverlässigkeit, guter Manövrierfähigkeit und Wendigkeit bieten sie große Leistung und einen vorbildlichen Komfort. Diese Fahrzeuge sind als Allround- und Universalschlepper besonders bei kleineren landwirtschaftlichen Betrieben beliebt, wo sie vielfach als Alleinschlepper als Schlüsselmaschine fungieren. Der sehr wirtschaftlich arbeitende Vierzylinder-Power-Tech-Motor ist schwingungsentkoppelt auf einem kräftig ausgebildeten Rahmen gelagert. Es stehen vier unterschiedliche Getriebevarianten bis maximal 40 km/h Geschwindigkeit zur Auswahl.

Modell:	John Deere 5820
PS/kW:	91/67
Hubraum (ccm):	4530

John Deere 7920

Modell:	John Deere 7920
PS/kW:	215/158
Hubraum (ccm):	8100

Drei kraftvolle Modelle zwischen 182 und 215 PS bilden die Serie 7020. Davon ist der Typ 7920 das stärkste Fahrzeug. In diesen allradgetriebenen Modellen arbeiten Sechszylinder-PowerTech-Reihenmotoren mit kraftstoffsparender, leistungserhöhender Common Rail-Einspritzung, Vierventiltechnik und Turbolader mit Luft zu Luft Ladeluftkühlung. Sowohl die stufenlose Getriebetechnik mit Geschwindigkeiten bis zu 50 km/h, das Hydrauliksystem, die in mehreren Geschwindigkeitsbereichen arbeitenden Zapfwellen als auch die sehr komfortabel ausgestattete Command-View-Kabine lassen keine Wünsche offen.

John Deere 7820

Das mit 197 PS geringfügig schwächere Modell 7820 verfügt über einen von den technischen Merkmalen identischen, allerdings hubraumschwächeren Sechszylindermotor. Hervorzuheben ist bei allen Fahrzeugen der sehr komfortable „Active Seat", der mehr noch als ein herkömmlicher luftgefederter Fahrersitz Stöße und Schläge durch Controllersteuerung abfängt. Daneben ist das Lenkrad in Höhe und Neigung verstellbar und besitzt eine Memory-Funktion, nach der die Lenksäule immer wieder in die vorher programmierte Stellung zurückschwenkt.

Modell:	John Deere 7820
PS/kW:	197/145
Hubraum (ccm):	6800

John Deere 8120

Das Modell 8120 ist der „kleinste" Großschlepper dieser Bauserie. Auch er besitzt die gleichen Baumerkmale wie seine größeren Brüder, so den gewaltigen Kraftstofftank mit 606 l Inhalt. Damit gehört das lästige Nachtanken während einer Tagesschicht der Vergangenheit an. Mit 9000 kg Gewicht ist er nur geringfügig leichter als das Spitzenfahrzeug dieser Reihe. Das Fahrzeug verfügt über eine elektrohydraulisch betätigte Zapfwelle mit mehreren Drehzahlbereichen.

Modell:	John Deere 8120
PS/kW:	230/169
Hubraum (ccm):	8180

John Deere 8520

Modell:	John Deere 8520
PS/kW:	335/246
Hubraum (ccm):	8180

Für alle Großtraktoren dieser Reihe ist ein breites Bereifungsangebot erhältlich, sodass für jeden Anwendungsbereich die optimal geeigneten Räder beschafft werden können. In den Fällen, wo die Minimierung des Bodendrucks von großer Wichtigkeit ist, sind Doppelreifen angebracht. Die Hinterreifen besitzen einen Durchmesser von bis zu 2050 mm. Eine Schlupfregelung bietet im Zusammenspiel mit einem Radsensor die Möglichkeit, den Radschlupf bei feuchten Einsatzbedingungen zu reduzieren.

John Deere-Lanz

Modell:	John Deere-Lanz 300
Baujahr/Prod.-Zeitraum:	1960–1964
PS/kW:	28–30/20,5–22
Hubraum (ccm):	2367
geb. Stückzahl:	–

1956 hatte der amerikanische Landmaschinen-Konzern Deere & Company, Moline, die Aktienmehrheit der wirtschaftlich angeschlagenen Heinrich Lanz AG aus Mannheim übernommen. So stand John Deere der europäische Markt offen. Mit der Produktion der ersten Deere-Traktoren im deutschen Werk ging 1960 die Ära des Lanz-Bulldogs zu Ende. Die neuen, in Halbrahmenbauweise gefertigten Fahrzeuge hatten nichts mit den antiquierten Bulldogs gemein. Mit Rücksicht auf den Traditionshersteller blieb der Doppelname John Deere-Lanz aber noch eine Weile erhalten. Der Typ 300 gehörte zu den 1960 vorgestellten neuen Dieselschleppern und besaß einen wassergkühlten Vierzylinder-Kurzhub-Dieselmotor.

John Deere-Lanz 500

Der größere Bruder des Modells 300 war der Typ 500. Beide Motoren waren – bis auf die erhöhte Drehzahl von 2400 U/min beim Typ 500 – völlig identisch. Dieser war gummigelagert und sorgte daher für einen erschütterungsfreien Lauf. Er verfügte über ein Zehngang-Allklauengetriebe, eine Getriebezapfwelle sowie eine Motorzapfwelle auf Wunsch. Eine Regelhydraulik mit motorisch angetriebener Zahnradpumpe gehörte zum serienmäßigen Lieferumfang. Dieser Schlepper wurde ab 1963 mit 38 PS ausgeliefert. Hier ein Fahrzeug von 1960.

Modell:	John Deere-Lanz 500
Baujahr/Prod.-Zeitraum:	1960–1964
PS/kW:	36–38/26,4–27,8
Hubraum (ccm):	2367
geb. Stückzahl:	–

Köpfli

Der Schweizer Josef Köpfli, ein ehemaliger Mitarbeiter der Firma Hürlimann, stellte im Oktober 1949 seinen ersten Traktor vor. Es war ein sehr formschönes Fahrzeug, das sich durch eine patentierte Zahnradlenkung, die ein starkes Einschlagen der Vorderräder ermöglichte, auszeichnete. Neu war auch ein modernes Fünfganggetriebe. Zunächst war der Traktor mit einem Sechszylinder-Chevrolet-Vergasermotor ausgerüstet, später baute das Werk in den Schlepper auch Perkins-Vergaser- oder Dieselmotoren ein. Hier ein Köpfli-Schlepper von 1952.

Modell:	Köpfli Trumpf
Baujahr/Prod.-Zeitraum:	1949–1954
PS/kW:	45/32,9
Hubraum (ccm):	3870
geb. Stückzahl:	–

KRAMER

Seit 1924 baute die Firma Gebr. Kramer in Gutmadingen Traktoren. In den 1930er Jahren gelang dem Unternehmen mit dem „Allesschaffer“, einem vielseitigen Fahrzeug mit Güldner-Dieselmotor, der Durchbruch. Aus diesem Grundtyp entwickelten sich Modelle mit deutlich mehr Leistungsreserven. Nach Kriegsende musste improvisiert werden. Erst 1948 konnte mit dem K 28 ein neues Modell angeboten werden. In den folgenden Jahren hatte das mittelständische Unternehmen Schwierigkeiten, sich zu behaupten. Überhöhte Stückkosten verhinderten den weiteren Erfolg eines qualitativ hochwertigen, breit gefächerten Programms. Der „Allesschaffer“, hier als Modell K 18-20, konnte den Abstieg der Firma Kramer nicht aufhalten.

Modell:	Kramer K 18–20
Baujahr/Prod.-Zeitraum:	1948–1950
PS/kW:	20/14,6
Hubraum (ccm):	1639
geb. Stückzahl:	–

Kramer KB 12

Modell:	Kramer KB 12
Baujahr/Prod.-Zeitraum:	1952–1953
PS/kW:	12/8,8
Hubraum (ccm):	810
geb. Stückzahl:	1398

Ein ausgesprochener Kleinschlepper für geringe Betriebsgrößen war das Kramer-Modell KB 12, das mit einem wassergekühlten Einzylinder-Diesel von Güldner ausgerüstet war. Der Traktor brachte 1100 kg auf die Waage und war mit einem Getriebe aus eigener Fabrikation mit sechs Vorwärts- und zwei Rückwärtsgängen bestückt. In jener Zeit waren Schlepper dieser Größenordnung „die" Renner.

Landini

Die von Giovanni Landini 1884 errichtete Maschinenfabrik stieg 1927 in den Traktorenbau ein. Inspiriert durch den Lanz-Glühkopfmotor hielt Landini bis weit in die 1950er Jahre am bewährten, aber veralteten Einzylinder-Zweitaktverfahren fest. Noch 1955 kam mit dem Modell 55 L der leistungsstärkste Glühkopf-Bulldog auf den Markt. Doch Neuerungen waren unumgänglich: geeignete Dieselmotoren fand man bei der englischen Firma Perkins. Erste Erfolge zeigten sich nach der Übernahme in die Massey-Ferguson-Gruppe 1960. Einer der ersten Traktoren war 1935 das 55 PS starke Modell Super Velite. Dieser gewaltige Glühkopfbulldog, der ähnlich wie die deutschen Lanz-Modelle mit der Thermosyphonkühlung bestückt war, kam in erster Linie für Großbetriebe in Frage.

Modell:	Landini Super Velite 50/55 PS
Baujahr/Prod.-Zeitraum:	1935–1942
PS/kW:	55/40,3
Hubraum (ccm):	9503
geb. Stückzahl:	–

Landini L 25

Modell:	Landini L 25
Baujahr/Prod.-Zeitraum:	1946–1956
PS/kW:	25/18,3
Hubraum (ccm):	7222
geb. Stückzahl:	–

Auch nach Kriegsende setzte die italienische Firma Landini den Bau von Glühkopfbulldogs fort. Sie arbeiteten – ähnlich wie die Mannheimer Lanz-Bulldogs, denen sie nachempfunden waren – nach dem Einzylinder-Zweitakt-Verfahren. Im Gegensatz zu ihrem deutschen Vorbild war der Kühler an der Stirnseite des Schleppers angeordnet, während der durch einen Riemen angetriebene Ventilator sich hinter diesem befand. Der L 25 besaß eine Vierganggetriebe mit Rückwärtsgang. Die Nachkriegstraktoren – hier ein L 25 aus dem Jahr 1947 – waren noch klassische Glühkopfmaschinen mit liegendem Zylinder.

Landini Landinetta

Modell:	Landini Landinetta
Baujahr/Prod.-Zeitraum:	1956–1961
PS/kW:	15–18/11–13,2
Hubraum (ccm):	1236
geb. Stückzahl:	–

Der erstmals 1956 vorgestellte Kleinschlepper Landinetta war das erste Modell, das mit einem neuen, wassergekühlten liegenden Einzylinder-Zweitakt-Dieselmotor mit 15 PS aus eigener Herstellung ausgerüstet wurde. Um die Leistung von 18 PS bei 1300 U/min zu erreichen, musste ein Roots-Gebläse zugeschaltet werden. Der Traktor hatte ein Gewicht von 1300 kg und ein Fünfganggetriebe mit Rückwärtsgang, das den Geschwindigkeitsbereich von 3 bis 22 km/h abdeckte. Das Fahrzeug besaß Hinterräder der Größe 10-28. Hier ein Fahrzeug von 1957.

Landini R 50

Zu den neuen Schleppern mit Perkins-Dieselmotor gehörte auch der R 50, der sich nach der erfolgten Übernahme von Landini in die Massey-Ferguson-Gruppe in einer sehr ansprechenden blauen Lackierung mit dunkelgelben Felgen präsentierte. Der wassergekühlte Vierzylinder besaß einen kugelförmigen Brennraum und gab seine Maximalleistung bei 1800 U/min ab. Das Schaltgetriebe des 2350 kg schweren Schleppers hatte sechs Vorwärts- und zwei Rückwärtsgänge im Bereich von 2,3 bis 25 km/h.

Modell:	Landini R 50
Baujahr/Prod.-Zeitraum:	1957–1963
PS/kW:	50/36,6
Hubraum (ccm):	3154
geb. Stückzahl:	–

LANDINI R 4000

Der mittelschwere Landini-Schlepper R 4000 gehörte zu jenen Traktoren, die ab 1960 das Typenprogramm dieses Herstellers abrundeten. Der installierte Dreizylinder-Perkins-Dieselmotor A 3.152 mit Wasserkühlung und Direkteinspritzung erbrachte bei 2200 U/min seine Maximalleistung. In diesem 1700 kg schweren Traktor wirkte ein Achtganggetriebe mit zwei Rückwärtsfahrstufen im Geschwindigkeitsbereich von 1,3 bis 24,7 km/h. Hier ein 1962 gebautes Fahrzeug.

Modell:	Landini R 4000
Baujahr/Prod.-Zeitraum:	1960–1965
PS/kW:	40/29,3
Hubraum (ccm):	2500
geb. Stückzahl:	–

Lanz

1921 sorgte die Mannheimer Firma Heinrich Lanz mit dem Bulldog Lanz HL, dem ersten aus einer Lokomobilkonstruktion entwickelten Rohölschlepper, für einen Paukenschlag. Nach der

Modell:	Lanz 12 PS, Typ HL
Baujahr/Prod.-Zeitraum:	1921–1922
PS/kW:	12/8,8
Hubraum (ccm):	6220
geb. Stückzahl:	ca. 6000

Weltwirtschaftskrise stieg Lanz dann zur größten Landmaschinenfabrik Deutschlands auf: Im In- und Ausland war die Nachfrage so gewaltig, dass die Produktion kaum mithalten konnte. Nach Kriegsende bekam Lanz mit modernen Dieselschleppern von Deutz und Hanomag Konkurrenz, doch die Firma blieb beim veralteten Glühkopfmotor. Erst Mitte der 1950er Jahre wechselte Lanz zu Halbdieseln. Mit dem Lanz-Halbdieselbulldog D 5006 stand 1955 endlich wieder ein zeitgemäßes Fahrzeug der höheren Leistungsklasse zur Verfügung. Trotzdem kam es 1956 zur Fusion mit dem amerikanischen Konzern Deere & Company, Moline. Mit Rücksicht auf den Traditionshersteller wurde der Name Lanz in der Typenbezeichnung zunächst noch beibehalten. Hier der Rohölschlepper mit Gummibelag auf den Hinterreifen.

Lanz 12 PS, Typ HP

Modell:	Lanz 12 PS, Typ HP
Baujahr/Prod.-Zeitraum:	1923–1926
PS/kW:	12/8,8
Hubraum (ccm):	6220
geb. Stückzahl:	723

Für die Feldarbeit besser geeignet als der Typ HL war der auch unter der Bezeichnung „Knicklenker“ bekannt gewordene Lanz HP-Bulldog. Der mit dem Schwerölmotor des HL ausgerüstete Acker-Bulldog zeichnete sich mit seinen größeren Vorderrädern durch ein ungewöhnliches Erscheinungsbild aus. Mit Vierradantrieb und Knicklenkung war er seiner Zeit weit voraus. Die Räder besaßen Greifer und konnten für den Straßenbetrieb mit Laufringen versehen werden. Aufgrund seiner im Verhältnis zum hohen Verkaufspreis geringen Motorleistung blieb der Absatz allerdings hinter den Erwartungen zurück.

Lanz 15/30 PS, Typ HR 5

Besonders in wasserarmen Exportländern wurde die Verdampfungskühlung der Bulldogs infolge ihres hohen Wasserverbrauchs bemängelt. Nicht zuletzt diese Tatsache führt zu einem mit Thermosyphonkühlung ausgerüsteten, leistungsstärkeren Nachfolgemodell, bei dem der Kühlwasservorrat von 135 auf 60 Liter verringert werden konnte. Diese auch als Kühlerbulldogs bezeichneten Fahrzeuge arbeiteten ohne Wasserpumpe im geschlossenen Wasserkreislauf. Eine Erleichterung war das neue, kugelgeschaltete Dreiganggetriebe mit Rückwärtsgang. Damit gehörte das umständliche Umsteuern der Vergangenheit an.

Modell:	Lanz 15/30 PS, Typ HR 5
Baujahr/Prod.-Zeitraum:	1929–1935
PS/kW:	30/22
Hubraum (ccm):	10 338
geb. Stückzahl:	–

Lanz 22/38 PS, Typ HR 5

Die Verkehrsausführung des Lanz-Kühlerbulldogs 22/38 PS besaß im Regelfall doppelbereifte Elastik-Hinterräder, die in der Mitte mit so genannten ausziehbaren Blitz-Greifern bestückt waren. Diese konnten zur Zugkraftsteigerung mit einem Spezialwerkzeug herausgezogen und quer auf der Lauffläche der Hinterräder befestigt werden. Lieferbar waren sowohl Lichtanlage, elektrische Anlasszündung, Boschhorn und Verdeck. Diese Fahrzeuge erreichten im 3. Gang 15,8 km/h.

Modell:	Lanz 15/30 PS, Typ HR 5
Baujahr/Prod.-Zeitraum:	1929–1935
PS/kW:	38/27,9
Hubraum (ccm):	10 338
geb. Stückzahl:	–

Lanz 22/38/44 PS, Typ HR 6

Modell:	Lanz 22/38/44 PS, Typ HR 6
Baujahr/Prod.-Zeitraum:	1930–1935
PS/kW:	44/32,2
Hubraum (ccm):	10 338
geb. Stückzahl:	–

Große Ähnlichkeit mit der Lanz-HR 5-Baureihe hatten die Fahrzeuge der Reihe HR 6. Es waren die stärksten Maschinen der bis zum Jahr 1935 beibehaltenen Kühlerbulldogs, die eine Höchstleistung von 44 PS hervorbrachten. Die nutzbare Dauerleistung betrug hingegen 38 PS. Hier ist die eisenbereifte, etwa 3300 kg schwere Ackerbulldog-Ausführung ohne elektrische Beleuchtung zu sehen. Infolge der Eisenbereifung war dessen Höchstgeschwindigkeit auf 7,9 km/h begrenzt.

Lanz-Bulldog D 7511, Typ HN 3

Unter der Bezeichnung Kombi-Bulldog wurde eine vereinfachte Ausführung des Verkehrsbulldogs sowohl mit Hochelastik- als auch mit Luftreifen angeboten. Der Bulldog verfügte über ein Sechsganggetriebe mit zwei Rückwärtsgängen und wog etwa 3200 kg. Dieses luftbereifte Fahrzeug mit Verdeck wurde 1937 gebaut.

Modell:	Lanz-Bulldog D 7511, Typ HN 3
Baujahr/Prod.-Zeitraum:	1934–1936
PS/kW:	20/14,6
Hubraum (ccm):	4767
geb. Stückzahl:	etwa 100

Lanz-Bulldog D 9531, Typ HR 8

Dieser D 9531 Eilbulldog besaß einfach bereifte Hinterräder, durchgehende Kotflügel und ein Faltverdeck mit Windschutzscheibe. Die Fahrzeuge konnten sowohl mit einer Druckluftbremsanlage als auch mit einem geschlossenen Fahrerhaus bestückt werden, das einen noch besseren Schutz gegen schlechte Witterungsverhältnisse bot.

Modell:	Lanz-Bulldog D 9531, Typ HR 8
Baujahr/Prod.-Zeitraum:	1936–1939
PS/kW:	45/32,9
Hubraum (ccm):	10 338
geb. Stückzahl:	–

LANZ-BULLDOG D 7506, TYP HN 3

Den 25-PS-Ackerluft-Bulldog gab es mit einer großen Zahl an Zusatzausrüstungen und -geräten. Er besaß eine gefederte Vorderachse, nach oben geführten Auspuff, elektrische Lichtanlage und Anlasszündung. Auf Wunsch waren eine Windschutzscheibe sowie Hinterradkotflügel erhältlich. Die gleichfalls lieferbare, preiswertere eisenbereifte Ausführung wurde unter D 7500 geführt. Hier ein gut wiederhergestelltes Fahrzeug mit Windschutzscheibe.

Modell:	Lanz-Bulldog D 7506, Typ HN 3
Baujahr/Prod.-Zeitraum:	1936–1952
PS/kW:	25/18,3
Hubraum (ccm):	4767
geb. Stückzahl:	33600 (bis 1942)

Lanz-Bulldog D 8500, Typ HR 7

Modell:	Lanz-Bulldog D 8500, Typ HR 7
Baujahr/Prod.-Zeitraum:	1936–1954
PS/kW:	35/25,6
Hubraum (ccm):	10 338
geb. Stückzahl:	–

Der hier gezeigte D 8500 Ackerbulldog von 1937 wurde zu einem späteren Zeitpunkt auf Luftbereifung umgerüstet und mit einem Wetterdach versehen. Heute sind nur noch ganz wenige dieser ursprünglich durch den bereits in den 1930er Jahren entstandenen Gummimangel mit Eisenrädern gelieferten Ackerbulldogs in ihrer ursprünglichen Ausführung erhalten geblieben.

Lanz-Bulldog D 8506, Typ HR 7

Der Ackerluft-Bulldog D 8506 war mit Druckluftbremsanlage sowie Kotflügeln und Trittbrettern nachrüstbar. Das feste Fahrerhaus dieses 1941 gebauten Fahrzeugs entstand offenbar in Eigenbauweise. Dieses restaurierte Fahrzeug war bis zu Beginn der 1990er Jahre im Raum Leipzig im Einsatz.

Modell:	Lanz-Bulldog D 8506, Typ HR 7
Baujahr/Prod.-Zeitraum:	1936–1954
PS/kW:	35/25,6
Hubraum (ccm):	10 338
geb. Stückzahl:	–

Lanz-Bulldog D 2539, Typ HR 9

Dieser mit festem Fahrerhaus ausgerüstete Lanz-Eilbulldog war das aufwändigste Modell im Lanz Verkaufsprogramm. Ende 1936 kam der als Nahbereichszugmaschine konzipierte schwere Bulldog auf den Markt. Er war mit einer umfangreichen Zusatzausrüstung erhältlich, wog etwa 4500 kg und erreichte mit 32,8 km/h seine Höchstgeschwindigkeit. Auch in einer offenen Cabriolet-Ausführung mit Windschutzscheibe und Faltverdeck war dieser Eilbulldog erhältlich. Heute gibt es nur noch wenige Exemplare, die hochbegehrt und entsprechend teuer sind.

Modell:	Lanz-Bulldog D 2539, Typ HR 9
Baujahr/Prod.-Zeitraum:	1936–1954
PS/kW:	55/40,3
Hubraum (ccm):	10 338
geb. Stückzahl:	2415

Lanz-Bulldog D 9506, Typ HR 8

Dieser mit doppelbereiften Hinterrädern ausgerüstete D 9506 Ackerluft-Bulldog ist trotz seines Baujahrs von 1936 bereits mit dem 45-PS-Glühkopfmotor bestückt. Diese Art von Sonderbereifung war auf Wunsch erhältlich, sollte der Bulldog auf sandigen oder feuchten Untergründen eingesetzt werden. Das klappbare schwarz-gelbe Dreieck auf dem Dach des Verdecks weist auf Anhängerbetrieb hin.

Modell:	Lanz-Bulldog, D 9506, Typ HR 8
Baujahr/Prod.-Zeitraum:	1936–1955
PS/kW:	45/32,9
Hubraum (ccm):	10 338
geb. Stückzahl:	–

LANZ-BULLDOG D 8506, TYP HR 7

Modell:	Lanz-Bulldog D 8506, Typ HR 7
Baujahr/Prod.-Zeitraum:	1946–1955
PS/kW:	35/25,6
Hubraum (ccm):	10 338
geb. Stückzahl:	mehr als 2581

Hier ein gut restaurierter D 8506 Ackerluft-Bulldog mit runden Hinterradkotflügeln, der zeigt, wie unterschiedlich die einzelnen Maschinen ausfielen. Die Vorderachse war als ungefederte Gabelachse ausgebildet, und die anfangs noch vorhandene 6-Volt-Anlage wurde schon bald gegen eine solche mit 12 Volt ausgetauscht. Der Neupreis in der Grundausstattung betrug im Jahr 1950 10 800,– DM.

Lanz D 2216, Typ HE

Beim D 2216 handelte es sich um ein Übergangsmodell, das für kurze Zeit an die Stelle des D 2206 trat. Die Technik entsprach weitgehend seinem Vorgänger; hingegen wurde bereits die neue Haubenform der neuen Lanz-Volldieselbulldogs gewählt. Es hatte sich nämlich herausgestellt, dass mancher Kunde die in schmaler Bauweise gehaltenen Halbdieselmodelle vermeintlich für weniger leistungsfähig hielt.

Modell:	Lanz D 2216, Typ HE
Baujahr/Prod.-Zeitraum:	1955
PS/kW:	22/16,1
Hubraum (ccm):	2256
geb. Stückzahl:	1000

Lanz D 6007, Typ HR

Den allergrößten Arbeitsbelastungen in jeder Hinsicht gewachsen war das Verkehrsbulldog-Modell D 6007 mit Druckluftbremsanlage, das für den überwiegenden Einsatz im Anhängerbetrieb auf den Straßen vorgesehen war. Bei diesem etwa 3800 kg schweren Fahrzeug reichte das Sechsganggetriebe bis maximal 30 km/h, und auf Wunsch waren automatische Anhängerkupplung, hydraulischer Dreipunkt-Kraftheber, Getriebezapfwelle, Riemenscheibe, Seilwinde und ein geschlossenes Fahrerhaus erhältlich.

Modell:	Lanz D 6007, Typ HR
Baujahr/Prod.-Zeitraum:	1955–1960
PS/kW:	60/43,9
Hubraum (ccm):	7372
geb. Stückzahl:	–

Lanz D 2816, Typ HE

Der D 2816 war mit 28 PS bei 1100 U/min das stärkste Modell der Lanz-Volldiesel-Baureihe. Die neuen Volldiesel wurden mittels der elektrischen Vorglühanlage vom Armaturenbrett aus gestartet und brauchten nicht mehr wie die Halbdieselmodelle Benzin als Hilfestellung für den Startvorgang. Der D 2816 war genau 19,87 km/h schnell, wog 1631 kg und erreichte eine Zughakenkraft von maximal 2040 kg. Serienmäßig war er mit der Größe 10-28 bereift, was die Unterscheidung zum D 2416 mit gleich großen Hinterrädern erschwerte. Dieses Exemplar ist von 1955.

Modell:	Lanz D 2816, Typ HE
Baujahr/Prod.-Zeitraum:	1955–1960
PS/kW:	28/20,5
Hubraum (ccm):	2617
geb. Stückzahl:	–

Le Percheron

Modell:	Le Percheron T 25
Baujahr/Prod.-Zeitraum:	1939–1943
PS/kW:	25/18,3
Hubraum (ccm):	4767
geb. Stückzahl:	–

Kurz vor Ausbruch des Zweiten Weltkriegs begann die Firma SNCAC in Colombes bei Paris/Frankreich mit dem lizenzierten Nachbau des erfolgreichen Lanz-Ackerluft-Bulldog D 7506. 1947 wurde die Produktion des Fahrzeugs im Rahmen der Kriegsentschädigungen ohne Lizenz fortgeführt. Der nach einer Rasse schwerer Zugpferde „Le Percheron" benannte Traktor aus Soisson gehörte zu einer Reihe leichterer Fahrzeuge an die geringe Betriebsgröße der französischen Bauernhöfe angepasst war. Hier der noch vor dem Krieg produzierte Le Percheron T 25.

LINDNER

1948 fertigten die in Kundl/Tirol ansässigen Lindner Traktorenwerke ihren ersten Schlepper. Es war ein rahmenkonstruierter Traktor mit einem 14-PS-Warchalowski-Dieselmotor. 1950 wurde erstmals ein wassergekühlter Jenbacher-Dieselmotor in einen Lindner-Traktor eingebaut. Die Modelle dieses Herstellers waren speziell für Grünlandbetriebe und Einsätze im Bergland konzipiert und mit entsprechender Zusatzausrüstung erhältlich. Auch wenn Lindner 1957 den modernen, in Blockbauweise gefertigten „Bauernfreund“ L 14 präsentierte, blieb der hier abgebildete langlebige L 20 A mit Allradantrieb ein Verkaufserfolg.

Modell:	Lindner L 20 A
Baujahr/Prod.-Zeitraum:	1953–1958
PS/kW:	20/14,6
Hubraum (ccm):	1780
geb. Stückzahl:	–

MAN

Die Maschinenfabrik Augsburg-Nürnberg AG (MAN) baute 1921 erstmals einen Tragpflug. Erst 1938 setzte das Unternehmen seine Aktivitäten auf diesem Sektor mit dem Radschlepper AS 250 fort, der wegen des Zweiten Weltkriegs nicht in Großserie gehen konnte. MAN begann nach schweren Kriegsschäden 1948 wieder mit dem Traktorbau. Nachdem die Kooperation mit dem französischen Hersteller Latil am Einspruch der Militärregierung gescheitert war, präsentierte man im Alleingang den berühmten „Ackerdiesel" AS 325. In den nächsten Jahren verfolgte das Unternehmen besonders konsequent die moderne Allradtechnik – MAN wurde zum wichtigsten Anbieter. Trotzdem gehörte der Hersteller nicht zu den Spitzenreitern der Branche. 1960 betrug der Marktanteil magere 4,7 %. Gründe hierfür lagen in hohen Preisen und einer oft unübersichtlichen Modellpolitik. Aber auch eine Straffung des Programms brachte keinen durchschlagenden Erfolg. Hier ein Beispiel für einen vielseitigen Allrad-Schlepper, der MAN A 25 A.

Modell:	MAN A 25 A
Baujahr/Prod.-Zeitraum:	1956–1957
PS/kW:	25/18,3
Hubraum (ccm):	1840
geb. Stückzahl:	–

MAN AS 718 A

Die MAN-Werke waren als klassischer Motorenhersteller natürlich bestrebt, in erster Linie ihre eigenen Antriebsaggregate in den Schleppern ihres Verkaufsprogramms zu verwenden. Eine Ausnahme von dieser Regel machte dabei der 18-PS-Allradtraktor AS 718 A, der den wassergekühlten Zweizylinder-Wälzkammer-Dieselmotor des Typs 2 DN von Güldner – in Ermangelung eines eigenen Produkts in dieser Leistungsklasse – erhielt. Dieser kleine und trotzdem kraftvolle Allradschlepper, bei dem das ZF-Fünfganggetriebe des Typs A 8 installiert war, bot eine gute Zugkraft und hervorragende Geländegängigkeit im Vergleich zu seinen Mitbewerbern.

Modell:	MAN AS 718 A
Baujahr/Prod.-Zeitraum:	1953–1955
PS/kW:	18/13,2
Hubraum (ccm):	1630
geb. Stückzahl:	–

MAN 2 K 3

Modell:	MAN 2 K 3
Baujahr/Prod.-Zeitraum:	1958–1962
PS/kW:	18/13,2
Hubraum (ccm):	1300
geb. Stückzahl:	–

Der leichte 2 K 3 wurde für den Export gefertigt. Sein Kraftstoff sparender Zweizylinder-Diesel arbeitete nach dem M-Verfahren, und er besaß ein Sechsganggetriebe mit Rückwärtsgang. Bei einem Gewicht von 1240 kg betrug die größte Anhängelast aufgrund der niedrigeren Motorleistung 15 t. Hier ein gut restauriertes Fahrzeug von 1961.

MAN 4 R 3

Der „normale" MAN 4 R 3 mit Vierradantrieb war ein sehr bullig und kraftvoll wirkender Schlepper mit tiefem Schwerpunkt, trotzdem aber noch 400 mm Bodenfreiheit. Gerne wurde dieses robuste Fahrzeug für Forsteinsätze mit einer 4- oder 6-t-Seilwinde zum Holzrücken verwendet. Durch seine Bauweise war er aber auch in Hanglagen überaus kippsicher. Der schwere 4 R 3 von MAN war zweifelsohne mit das beeindruckendste Fahrzeug dieses Herstellers und bildete einen würdigen Abschluss der an technischen Höhepunkten reichen Geschichte dieses Produzenten.

Modell:	MAN 4 R 3
Baujahr/Prod.-Zeitraum:	1961–1963
PS/kW:	45/32,9
Hubraum (ccm):	2560
geb. Stückzahl:	–

Marshall

Die Firma Marshall Sons & Company aus Gainsborough baute seit 1908 Traktoren mit Verbrennungsmotoren. Nach gescheiterten Lizenz-Verhandlungen mit Lanz produzierte die Firma ab 1930 einen Schlepper nach dem Vorbild des Lanz HR 5. Im Gegensatz zu diesem besaß der Marshall-Traktor einen wassergekühlten Vorkammer-Dieselmotor. Im Jahr 1945 wurde das bisher als Marshall M bezeichnete Modell in Field Marshall MK I umbenannt und mit einer attraktiven Blechverkleidung umbaut. 1952 wurden etliche Detailverbesserungen vorgenommen. Doch trotz allem wirkte der hier abgebildete MK III a schon reichlich überholt. Eine geplante weitere Überarbeitung wurde nicht mehr in die Praxis umgesetzt.

Modell:	Field Marshall MK III a
Baujahr/Prod.-Zeitraum:	1952–1957
PS/kW:	40/29,3
Hubraum (ccm):	4656
geb. Stückzahl:	–

Massey-Ferguson

Modell:	Massey-Ferguson MF 35
Baujahr/Prod.-Zeitraum:	1956–1964
PS/kW:	35/25,6
Hubraum (ccm):	2489
geb. Stückzahl:	388 382

Das kanadische Unternehmen Massey-Ferguson, das heute zum Agco-Konzern gehört (der 1996 auch Fendt übernahm), expandierte ab Ende der 1950er Jahre auf dem europäischen Markt. Der erstmals 1958 lieferbare MF 65 wurde zunächst in Coventry, ab 1960 zusätzlich in Beauvais/Frankreich gebaut. Zum Erfolg der Fahrzeuge trugen die hochwertigen Dieselmotoren des weltweit größten Herstellers Perkins bei, mit dem Massey-Ferguson 1959 fusioniert war. So gehörte der ab 1956 produzierte MF 35 stückzahlenmäßig zu den bedeutendsten Traktoren der Nachkriegsjahre. „Packt zu, wo andere einpacken!“ – so das Motto der modernen Schlepperfamilie MF 8200 Xtra. Diese Tradition begründeten schon die Modelle der 1950er Jahre wie der MF 35.

Massey-Ferguson MF 25

Modell:	Massey-Ferguson MF 25
Baujahr/Prod.-Zeitraum:	1961–1963
PS/kW:	27/19,8
Hubraum (ccm):	1753
geb. Stückzahl:	–

Der Massey-Ferguson Typ MF 25 war ein Traktor der unteren Mittelklasse, der ab 1961 erstmals in den von Massey-Ferguson erworbenen französischen Fabrikationsanlagen in Beauvais montiert wurde. Dieses wendige und handliche Fahrzeug war mit dem wassergekühlten Vierzylinder-Perkins-Wirbelkammer-Dieselmotor 4.107 ausgerüstet. Weiterhin stand ein Getriebe mit acht Vorwärts- und zwei Rückwärtsgängen zur Verfügung. Hier ein 1961 gefertigtes Fahrzeug mit Sicherheits-Umsturzbügel.

Massey-Ferguson MF 25

Die nun anstelle der früher verwendeten Standard-Dieselmotoren eingebauten Dieselmotoren von Perkins waren sehr hochwertig und wurden in der Folgezeit in fast allen Schleppern dieses Herstellers verwendet. Der mit 10-28er-Hinterreifen bestückte MF 25 wog 1180 kg und war im Geschwindigkeitsbereich von 0,8 bis 17 km/h abgestuft, sodass er in erster Linie für Saat- und Pflegearbeiten in Frage kam.

Modell:	Massey-Ferguson MF 25
Baujahr/Prod.-Zeitraum:	1961–1963
PS/kW:	27/19,8
Hubraum (ccm):	1753
geb. Stückzahl:	–

Massey-Ferguson MF 133

Der MF 133 gehörte zur so genannten 100er-Reihe, die ab 1965 gebaut wurde. Der Traktor wurde ausschließlich im französischen Werk gefertigt. Der mit dem wassergekühlten Dreizylinder-Wirbelkammer-Perkins-Diesel A 3.144 ausgerüstete Traktor verfügte über das bereits 1962 bei Massey-Ferguson eingeführte lastschaltbare Multipower-Getriebe mit acht Vorwärts- und zwei Rückwärtsgängen. Der MF 133 hatte ein Gewicht von 1440 kg und verfügte über eine Kugelumlauflenkung, Innenbackenbremsen und die bewährte MF-Regelhydraulik. Hier ein restauriertes Fahrzeug von 1965.

Modell:	Massey-Ferguson MF 133
Baujahr/Prod.-Zeitraum:	1965–1971
PS/kW:	35/25,6
Hubraum (ccm):	2365
geb. Stückzahl:	–

Massey-Ferguson MF 185

Der MF 185 wurde ab 1971 gefertigt und war mit dem wassergekühlten Vierzylinder-Perkins-Dieselmotor A 4.248 ausgerüstet. In diesem 2425 kg schweren Traktor war ein Achtganggetriebe mit zwei Rückwärtsstufen für Geschwindigkeiten zwischen 2,2 und 25 km/h installiert. Die Hinterräder hatten die Größe 13,6-38.

Modell:	Massey-Ferguson MF 185
Baujahr/Prod.-Zeitraum:	1971–1980
PS/kW:	68/49,8
Hubraum (ccm):	4062
geb. Stückzahl:	40 096

MF 2210

Modell:	MF 2210
PS/kW:	54/40
Hubraum (ccm):	2700

Das Massey-Ferguson-Modell MF 2210 gehört zu den Schleppern der vielseitigen Kompaktbaureihe MF 2200. Es sind Traktoren, die leistungsmäßig zwischen 54 und 78 PS angesiedelt sind und sich insbesondere durch ihre leichte Bauweise auszeichnen. Ihre Einsatzbereiche erstrecken sich auf alle kommunalen und landwirtschaftlichen Arbeiten mit dem Schwerpunkt der Reihen- und Sonderkulturen. Die motorische Bestückung der Fahrzeuge erfolgt durch neuzeitliche und schadstoffarme Perkins-Dieselmotoren. Alternativ erhältlich ist neben der Standardausführung mit Hinterradantrieb auch eine Allradversion, die hier zu sehen ist.

MF 5465

Eine weitere Gruppe von allradgetriebenen Universalschleppern wird mit der MF Reihe 5400 präsentiert. Diese Fahrzeuge sind in sechs Varianten zwischen 75 und 120 PS Motorleistung vertreten. In diesen Alleskönnern arbeitet eine bewährte Technik mit einfacher Bedienung, verbunden mit wirtschaftlichem Unterhalt, hohem Fahrkomfort und großer Flexibilität und Anpassungsfähigkeit an alle Einsatzbereiche. Hier sehen wir mit dem Typ 5465 das Spitzenmodell dieser Baureihe, in dem ein Sechszylinder-Perkins-Turbodiesel mit elektronischer Einspritzung und Ladeluftkühlung arbeitet.

Modell:	MF 5465
PS/kW:	120/90
Hubraum (ccm):	6000

MF 6495

Die allradgetriebene Schlepperreihe MF 6400 besteht aus insgesamt sechs verschiedenen Modellen, die sich innerhalb des Leistungsbereichs von 94 bis 194 PS (diese Werte beziehen sich auf die Maximalleistung unter Einschaltung der PowerBoost-Stufe) bewegen und mit zwei unterschiedlichen Motoren ausgerüstet ist. Das Modell 6495, dessen wuchtiges Erscheinungsbild schon äußerlich seine unbändigen Kraftreserven erahnen lässt, ist gleichzeitig das stärkste Fahrzeug dieser Reihe. Unter der Haube wirkt ein schadstoffarmer Sechszylinder-Turbodiesel mit Wasserkühlung und elektronischer Direkteinspritzung des finnischen Herstellers SISU.

Modell:	MF 6495
PS/kW:	194/143
Hubraum (ccm):	6600

MF 8270 Xtra

„Packt zu, wo andere einpacken!" Unter diesem Motto präsentiert Massey Ferguson seine aus sieben Fahrzeugen bestehende leistungsstärkste Schlepperfamilie MF 8200 Xtra. Es sind Großschlepper, die über Motorleistungen von 154 bis 288 PS verfügen und sich damit stärksten Beanspruchungen und maximaler Belastbarkeit gewachsen zeigen. Diese Traktoren werden von sechszylindrigen und großvolumigen, nach dem Fastram-Verbrennungssystem arbeitenden Perkins- bzw. SISU-Hochleistungs-Turbodieselmotoren angetrieben. Das Modell 8270 ist das zweitstärkste dieser Baureihe.

Modell:	MF 8270 Xtra
PS/kW:	261/192
Hubraum (ccm):	8400

Massey-Harris

Die 1891 im kanadischen Toronto gegründete Massey-Harris Company wurde nach dem Ersten Weltkrieg auf dem Schleppersektor aktiv, baute aber erst ab 1929 eigene Produkte. Das erste Fahrzeug war der Typ 15/22, ein sehr fortschrittlicher, eisenbereifter Knicklenker mit Vierradantrieb. Ende der 1930er Jahre kamen die innovativen Twin-Power-Traktoren ins Programm. Nach dem Zweiten Weltkrieg etablierte sich Massey-Harris als zuverlässiger Hersteller. 1948 nahm das Unternehmen die Fertigung des neuen Modells 744 PD in Manchester auf, das später in Schottland produziert wurde. Hier zu sehen ist ein Fahrzeug von 1950.

Modell:	Massey-Harris 744 D
Baujahr/Prod.-Zeitraum:	1938–1945
PS/kW:	48/35,1
Hubraum (ccm):	5653
geb. Stückzahl:	–

Massey-Harris 102 Junior

Das Modell 102 Junior erschien erstmals 1946 und war eine technisch optimierte und leistungsmäßig gesteigerte Ausführung des Vorgängermodells, des Typs 101 aus dem Jahr 1939. Im Junior arbeiteten ein wassergekühlter Vierzylinder-Vergasermotor für Benzin- und Petroleumbetrieb sowie ein viergängiges Schaltgetriebe.

Modell:	Massey-Harris 102 Junior
Baujahr/Prod.-Zeitraum:	1946–1949
PS/kW:	27/19,8
Hubraum (ccm):	2527
geb. Stückzahl:	–

Das Gewicht betrug 1950 kg, und die Hinterräder hatten die Größe 11-28.

Massey-Harris 744 D

Modell:	Massey-Harris 744 D
Baujahr/Prod.-Zeitraum:	1948–1957
PS/kW:	45/32,9
Hubraum (ccm):	4730
geb. Stückzahl:	28 000

Massey-Harris nahm im Jahr 1948 die Fertigung des neuen Modells 744 PD im englischen Manchester auf. Später wurde die Produktion nach Kilmarnock in Schottland verlagert und die Typenbezeichnung in 744 D geändert. Der 744 D hatte einen Sechszylinder-Perkins-Dieselmotor mit Wasserkühlung. Ein Fünfganggetriebe mit Rückwärtsgang sorgte für die Fortbewegung des 2350 kg schweren Traktors. Die Geschwindigkeitsabstufungen lagen zwischen 4,1 und 22,8 km/h. Zum Schluss gab es eine 50-PS-Variante mit vierzylindrigem Dieselmotor vom gleichen Hersteller. Dieses Fahrzeug ist von 1950.

Massey-Harris 820

Das Modell 820 von Massey-Harris war ein Kleinschlepper mit nach links versetztem Motor und Getriebe, das in erster Linie für Saat- und Pflegearbeiten, aber auch als Alleinschlepper für kleine Bauernhöfe vorgesehen war. Es besaß einen luftgekühlten Zweizylinder-Zweitakt-Diesel mit Gebläsespülung von Hanomag, der seine Höchstleistung bei 1800 U/min abgab. Der Kleintraktor wog 1000 kg, und ein Fünfganggetriebe mit Rückwärtsgang sorgte für eine Höchstgeschwindigkeit von 15 km/h. Hier ein bestens restauriertes Fahrzeug mit Seitenmähwerk von 1957.

Modell:	Massey-Harris 820
Baujahr/Prod.-Zeitraum:	1957–1959
PS/kW:	20/14,6
Hubraum (ccm):	1021
geb. Stückzahl:	–

McCormick

Mit der Übernahme wesentlicher Anteile an IH von Case verschwand der Markenname McCormick. Im Jahr 2000 übernahm Landini von Case das Traktorenwerk in Doncaster und die Rechte an dem Markennamen. Die Allradtraktoren der leichten CS Xtra Shift-Modellreihe sind für spezielle Einsatzbereiche auf Wunsch auch mit einer Niedrigkabine und mit wahlweise zu öffnender Frontscheibe erhältlich. In allen Traktoren dieser Reihe ermöglicht ein neues Dreigang-Powershift/Powershuttle-Getriebe dem Fahrer ein müheloses Schalten durch jeweils 24 Vorwärts- und Rückwärtsgänge.

Modell:	McCormick CX 105
PS/kW:	102/75
Hubraum (ccm):	4000

McCormick ZTX 280

Die Traktoren der ZTX-Allradschlepperreihe sind Kraftprotze mit 230, 260 und 280 PS Motorleistung für stärkste Belastungen. In ihnen arbeiten wassergekühlte Sechszylinder-Turbodieselmotoren von Cummins mit 24 Ventilen, Abgasregelung, Ladeluftkühlung und elektronischer Quantum System-Steuerung, welche die Motorleistung bei Belastungs- und Klimaänderungen selbsttätig abstimmt und anpasst. Der mit Standardausrüstung versehene ZTX 280 wiegt 10 500 kg.

Modell:	McCormick ZTX 280
PS/kW:	280/209
Hubraum (ccm):	8300

McCormick MC 135 Power 6

Modell:	McCormick MC 135 Power 6
PS/kW:	132/97
Hubraum (ccm):	6000

Die beiden neu eingeführten Allradschlepper MC 120 und MC 135 Power 6 ergänzen diese beliebte Schlepperbaureihe nach oben. Sie erfüllen die Marktanforderungen nach Sechszylinder-Schleppern mit geringem Gewicht und gleichzeitig hoher Leistung. Diese Fahrzeuge basieren auf der gleichen erfolgreichen Technologie wie die übrigen Mitglieder dieser Traktorenfamilie. Die großvolumigen Motoren besitzen eine elektronische Steuerung und entsprechen damit dem allerneusten technischen Entwicklungsstand. Hier das mit Frontgewichten bestückte Spitzenmodell MC 135 Power 6.

Minneapolis-Moline

Die 1889 gegründete Minneapolis Threshing Machine Company beschäftigte sich anfangs mit Dampflokomobilen und Dreschmaschinen. 1911 präsentierte das Unternehmen seinen ersten Großtraktor. Ab 1919 fertigte dieser Hersteller den mit einem wassergekühlten Vierzylinder-Vergasermotor bestückten Typ A. Pro Zylinder hatte der Motor vier Ventile. Der 2680 kg schwere Traktor, dessen Motor mit Benzin oder Petroleum betrieben werden konnte, verfügte über ein Zweiganggetriebe. 1929 erfolgte der Zusammenschluss zur Minneapolis-Moline Company. Nach dem Zweiten Weltkrieg produzierte das Unternehmen leichtere Traktoren, die auch als Row-crop-Ausführungen Erfolg hatten. Hier das Modell Minneapolis Moline UTU von 1945.

Modell:	Minneapolis-Moline UTU
Baujahr/Prod.-Zeitraum:	1938–1954
PS/kW:	32/23,4
Hubraum (ccm):	4415
geb. Stückzahl:	–

New Holland

Die Firma New Holland trat erstmals 1993 in der deutschen Zulassungsstatistik auf. Das Unternehmen gehörte zu Fiat und übernahm Vertriebstätigkeiten von Fiat und Ford-New Holland. Die Farben beider Hersteller tauchten bis 1997 auch in der Lackierung der Traktoren auf, danach setzte sich das dunkle Ford-Blau durch. Fertigungsstätten befinden sich in Kanada, Großbritannien und Italien. Daneben werden Landmaschinen in den USA, Belgien und Frankreich gebaut – New Holland ist ein Global Player. Seit 1999 produziert die Fiat-Tochter moderne Universalschlepper wie den hier abgebildeten TS 100.

Modell:	New Holland TS 100
Baujahr/Prod.-Zeitraum:	seit 1999
PS/kW:	99/72,5
Hubraum (ccm):	4987
geb. Stückzahl:	–

New Holland TG 285

Modell:	New Holland TG 285
PS/kW:	283/208
Hubraum (ccm):	8300

Die drei Taktoren dieser Typenreihe sind als Großschlepper im oberen Leistungsbereich angesiedelt. Ihre Mitglieder verfügen über Motorleistungen von 231, 258 und 283 PS. Der Antrieb dieser Kraftprotze erfolgt durch Sechszylinder-Turbodieselmotoren mit Ladeluftkühlung; die Getriebe basieren auf unter Volllast schaltbarer elektronischer Wendeschaltung mit 18 Vorwärtsgängen und automatischen Schaltfunktionen für Acker und Straße. Eine kraftvolle Hydraulik mit bis zu 10 203 kg Hubkraft am Heck für das stärkste Modell TG 285 steht ebenfalls zur Verfügung. Die Großtraktoren der TG-Serie verfügen über alle Merkmale moderner und zeitgemäßer Schleppertechnologie. Nicht zuletzt gehört dazu der Arbeitsplatz des Fahrers. Die abgefederte Komfortkabine ist mit einem neuentwickelten Luftfedersitz mit Sensor ausgerüstet, der Vibrationen und Stöße – unabhängig von Größe und Gewicht des Fahrers – vollständig absorbiert. Der hier gezeigte Traktor ist mit Doppelbereifung bestückt und wirkt daher besonders eindrucksvoll.

New Holland TM 175

Modell:	New Holland TM 175
PS/kW:	177/130
Hubraum (ccm):	7480

Das Modell TM 175 ist mit 177 PS das zweitstärkste Fahrzeug dieser Klasse. Mit Motor-Management-System sind sogar 223 Spitzenleistung herauszuholen. Die hydraulische Heckhubwerk entwickelt eine maximale Hubkraft von 8647 kg, und die Zapfwelle arbeitet in drei Drehzahlbereichen. Die Kabine besitzt ComfortRide-Kabinenfederung, und die Terraglide oder SuperSteer-Vorderachse trägt entscheidend dazu bei, dass Erschütterungen minimiert werden.

Normag

Die Nordhäuser Maschinenbau GmbH baute unter dem Namen Normag 1938 mit dem NG 22 ihren ersten Ackerschlepper. Nach Ende des Zweiten Weltkriegs musste die Fertigung wegen der Demontage in der sowjetischen Besatzungszone nach Westdeutschland verlagert werden. So begann man ab 1946 im Südharz, dann in Hattingen/Ruhr mit der Schlepperproduktion und entwickelte eigene Modelle. Das erste Fahrzeug war der NG 23 K mit der später so charakteristischen runden Motorverkleidung. Technische Innovationen wie eine patentierte Druckluftkraftheberanlage mit Geräte-Schwingrahmen trugen zum Erfolg des Unternehmens bei. Hier zu sehen ist der Normag-Vorkriegserst-Erstling NG 22.

Modell:	Normag NG 22
Baujahr/Prod.-Zeitraum:	1938–1942
PS/kW:	22/16,1
Hubraum (ccm):	2120
geb. Stückzahl:	4972

Normag NG 25 Generatorschlepper

Modell:	Normag NG 25 Generatorschlepper
Baujahr/Prod.-Zeitraum:	1942–1945
PS/kW:	25/18,3
Hubraum (ccm):	4592
geb. Stückzahl:	ca. 2000

Der NG 25 mit Holzgasantrieb besaß ein viergängiges Prometheus-Getriebe und erreichte 19,8 km/h. Eine Holzfüllung genügte für drei bis vier Stunden Betriebsdauer. Nahezu alle damaligen Generatorschlepper ähnelten sich aufgrund der angestrebten vereinheitlichten Baubestimmungen sehr. Obwohl von der Reichsregierung als durchaus praktikables und alternatives Verbrennungsverfahren propagiert, das nicht auf die Kriegszeit beschränkt bleiben sollte, war jeder Besitzer eines solchen Fahrzeugs froh, dieses baldmöglichst auf den Betrieb flüssiger Kraftstoffe umbauen zu können.

Normag NG 20

Neben ausgesprochenen Kleinschleppern bot die Firma Normag zu Beginn der 1950er Jahre Fahrzeuge mit bis zu 45 PS Motorleistung an, wobei zweifelsohne den leichteren Modellen eine wesentlich stärkere Gewichtung an den produzierten Stückzahlen zufiel. Eines der Hauptstandbeine war der Ackerschlepper NG 20, auch Faktor II genannt, der sich recht erfolgreich am Markt behaupten konnte. Dieses schöne Fahrzeug entstand in dem ersten Fertigungsjahr.

Modell:	Normag NG 20
Baujahr/Prod.-Zeitraum:	1952–1954
PS/kW:	20/14,6
Hubraum (ccm):	2112
geb. Stückzahl:	–

NUFFIELD

Kurz nach Kriegsende initiierte Lord Nuffield eine groß angelegte Traktorproduktion unter Führung von William Morris, damals Englands größter Automobilhersteller. Dieses Vorhaben wurde auch von der Regierung gestützt, weil so Devisen gespart werden konnten. Von 1948 bis zur Übernahme durch British Leyland 1969 entstanden zuverlässige, technisch ausgereifte und sehr zugstarke Traktoren. Mit dem Modell M 4 war ein Traktor entstanden, der den Vergleich zu amerikanischen Importfahrzeugen nicht zu scheuen brauchte. Dieser M 4 ist von 1953.

Modell:	Nuffield Universal M 4
Baujahr/Prod.-Zeitraum:	1948–1954
PS/kW:	38/27,8
Hubraum (ccm):	3154
geb. Stückzahl:	–

Nuffield Universal 4

Der Nuffield Universal 4 befand sich über einen Zeitraum von fast 13 Jahren in der Fertigung. Dieses restaurierte Fahrzeug aus seinem letzten Produktionsjahr ist mit einem geschlossenen Fahrerhaus in sehr eigenwilliger Bauart ausgerüstet. Angetrieben wird dieser Halbrahmenschlepper von dem Vierzylinder-Viertakt-BMC-Dieselmotor mit Wasserkühlung. Das Gewicht betrug 2064 kg. 1969 wurde das Unternehmen von der British Leyland Motor Corporation übernommen, sodass aus den Nuffield- nun Leyland-Traktoren wurden. 1972 kam dann das endgültige Aus für die orangefarben lackierten Schlepper.

Modell:	Nuffield Universal 4
Baujahr/Prod.-Zeitraum:	1948–1961
PS/kW:	45/32,9
Hubraum (ccm):	3400
geb. Stückzahl:	–

Nuffield Universal M 4 Allrad

Das Nuffield-Modell M 4 wurde in geringeren Stückzahlen auch als Allradvariante gefertigt. Dieses Fahrzeug war ebenfalls mit dem aus der Lastwagenproduktion des BMC-Konzerns stammenden wassergekühlten Vierzylinder-Dieselmotor ausgerüstet. Es war schon ein überaus beeindruckendes, mit seiner großen Bereifung kraftvoll wirkendes Fahrzeug, das mit Zapfwelle, Riemenscheibe und einer Hydraulik mit 1200 kg Hubkraft ausgerüstet werden konnte. Hier ein originalgetreu restauriertes Fahrzeug aus dem Jahr 1958.

Modell:	Nuffield Universal M 4 Allrad
Baujahr/Prod.-Zeitraum:	1954–1962
PS/kW:	60/43,9
Hubraum (ccm):	3404
geb. Stückzahl:	–

OLIVER

Modell:	Oliver 80 Standard
Baujahr/Prod.-Zeitraum:	1937–1947
PS/kW:	38/27,8
Hubraum (ccm):	4649
geb. Stückzahl:	–

Die 1927 gegründete Oliver Farm Equipment Corporation war ein Zusammenschluss verschiedener Kleinhersteller. Dazu gehörte auch Hart-Parr, weshalb die ersten Oliver-Traktoren unter einem Doppelnamen angeboten wurden. Nach dem Zweien Weltkrieg präsentierte das Unternehmen 1948 anlässlich eines Firmenjubiläums die neu Bauserie Fleetline. Die Motorhaube mit abgerundetem Kühlerschutzgitter war ein echter Hingucker. Neben der Standardausführung gab es auch einen Row-crop-Schlepper. Abgebildet ist der noch auf einem Hart-Parr-Modell basierende Oliver 80 von 1937.

PORSCHE

Modell:	Porsche Junior K
Baujahr/Prod.-Zeitraum:	1957–1959
PS/kW:	14/10,2
Hubraum (ccm):	822
geb. Stückzahl:	23 000

Nur acht Jahre lang, von 1956 bis 1963, produzierte die Porsche-Diesel-Motorenbau GmbH in Friedrichshafen Ackerschlepper. Dann wurde die aus dem Mannesmann-Konzern hervorgegangene Gesellschaft, die das gut eingeführte Programm von Erwin Allgaier übernommen hatte, unrentabel. Doch zu Beginn ließ Porsche ein gewaltiges Traktorenwerk am Bodensee bauen, um die bewährten Allgaier-Porsche-Schlepper nahezu unverändert zu produzieren. 1960 wurden die Diesel-Fahrzeuge technisch überarbeitet und rationalisiert. Besonderer Wert wurde auf vielfältige Anbaumöglichkeiten und Einmann-Bedienung gelegt. Doch die roten Schlepper, hier der Porsche Junior K, wurden bald ein Opfer der Marktsättigung.

Porsche Standard Star Typ 238

1962 brachte die Porsche-Diesel-Motorenbau GmbH in Friedrichshafen als neues Fahrzeug den Dieselschlepper Standard Star Typ 238 auf den Markt. Er bestand aus bewährten Baukomponenten unter Verwendung des neuen Achtgang-T-25-Getriebes. Dieser leistungsmäßig reduzierte Schlepper besaß neben der Regelhydraulik alle Ausrüstungsteile eines neuzeitlichen Arbeitsgeräts für mittelgroße Höfe. Als starker Zweitschlepper war er für Saat- und Pflegearbeiten in größeren Betrieben ebenso geeignet. Dieser restaurierte Schlepper ist von 1963.

Modell:	Porsche Standard Star Typ 238
Baujahr/Prod.-Zeitraum:	1962–1963
PS/kW:	26/19
Hubraum (ccm):	1750
geb. Stückzahl:	–

Porsche Master Typ 419

Mit 50 PS Motorleistung war der Master das Spitzenmodell von Porsche. Dieser kraftvolle Schlepper der mittleren Oberklasse verfügte über einen luftgekühlten Vierzylinder-Diesel mit Radialgebläse, der seine Maximalleistung bei 2100 U/min erzeugte. Das Zahnradwechselgetriebe besaß acht Vorwärts- und vier Rückwärtsgangstufen. Die auf Wunsch erhältliche ölhydraulische Kupplung sorgte für ein weiches, ruckfreies Anfahren auch unter schwerer Belastung. Mit Motorzapfwelle war er zum Ziehen von Mähdreschern und anderen schweren Maschinen geeignet. Dieser Master besitzt eine vorn angeordnete Riemenscheibe.

Modell:	Porsche Master Typ 419
Baujahr/Prod.-Zeitraum:	1960–1963
PS/kW:	50/36,6
Hubraum (ccm):	3289
geb. Stückzahl:	–

RENAULT

Die Firma Renault mit Sitz in Billancourt, die schon seit 1898 Automobile baute, war der bedeutendste französische Traktorenhersteller. Bereits 1908 wurden erste Schritte zum Bau von Traktoren und Raupenfahrzeugen unternommen. Ab 1918 folgten Kleinschlepper wie der AFV 1. Nach dem Zweiten Weltkrieg setzte Renault verstärkt auf die Zusammenarbeit mit anderen Herstellern. Anfang der 1950er Jahre intensivierte man den Kontakt zu englischen Motorenherstellern, ab 1958 importierte Renault luftgekühlte MWM-Motoren aus Deutschland. Auch Peugot-Antriebsaggregate wurden verwendet. Hier abgebildet ist ein Vierzylinder-Vergaserschlepper mit 1825 kg Gewicht, der mit Benzin oder Petroleum betrieben werden konnte und über ein Vierganggetriebe für maximal 21,6 km/h verfügte.

Modell:	Renault R 3042
Baujahr/Prod.-Zeitraum:	1948–1952
PS/kW:	30/22
Hubraum (ccm):	2384
geb. Stückzahl:	–

Renault V 71

Modell:	Renault V 71
Baujahr/Prod.-Zeitraum:	1958–1965
PS/kW:	30/22
Hubraum (ccm):	2365
geb. Stückzahl:	–

Das Modell V 17 war ein mittelstarker Schlepper von kompakter Halbrahmenbauweise, der über den wassergekühlten Dreizylinder-Perkins-Diesel P 3.144 verfügte und mit einem Getriebe mit zwölf Vorwärts- und drei Rückwärtsgängen im Bereich von 0,6 bis 20, 6 km/h arbeitete. Aufgrund dieser Abstufung war der V 71 auch für Saat- und Pflegearbeiten sehr geeignet. Er wog 1485 kg. Hier ein Fahrzeug mit Muschelkotflügeln von 1962.

Renault Super 5 D

Der Super 5 D von Renault – hier ein recht seltener Schmalspurtraktor für den Einsatz in Reihen- oder Sonderkulturen wie im Obst- und Weinanbau – war ein Halbrahmenschlepper, der mit einem wassergekühlten Dreizylinder-Renault-Dieselmotor ausgerüstet war. Auch in diesem Fahrzeug stand ein Zehngang-Schaltgetriebe für 21,3 km/h Höchstgeschwindigkeit zur Verfügung; das Gewicht des Traktors betrug 1585 kg.

Modell:	Renault Super 5 D
Baujahr/Prod.-Zeitraum:	1962–1966
PS/kW:	34/24,9
Hubraum (ccm):	2263
geb. Stückzahl:	–

Renault Super 3

Das Renault-Modell Super 3 unterschied sich vom etwa gleich starken N 72 durch das eingebaute Antriebsaggregat aus eigener Konstruktion und Fertigung. Es war ein luftgekühlter Motor, der eine Höchstdrehzahl von 2000 U/min aufwies. Das Zehnganggetriebe ermöglichte eine Höchstgeschwindigkeit von 22,2 km/h. Auch bei diesem Modell waren die ersten Gänge als Kriechgeschwindigkeiten ausgelegt.

Modell:	Renault Super 3
Baujahr/Prod.-Zeitraum:	1963–1966
PS/kW:	26/19
Hubraum (ccm):	1810
geb. Stückzahl:	–

Renault Super 3 D

1963 wurde eine Zusammenarbeit mit dem deutschen Mannesmann-Konzern begonnen, nachdem die Mannesmann-Tochter Porsche-Diesel-Motorenbau in Friedrichshafen die Schlepperfertigung eingestellt hatte. Zum Zwecke einer geregelten Ersatzteilversorgun wurde die Porsche-Diesel-Renault-Schlepper-Vertriebsgesellschaft gegründet. Hier ein aus dieser Periode stammender Super 3 D mit Zweizylinder-MWM-Dieselmotor, Baujahr 1964.

Modell:	Renault Super 3 D
Baujahr/Prod.-Zeitraum:	1963–1966
PS/kW:	26/19
Hubraum (ccm):	1810
geb. Stückzahl:	–

RITSCHER

Modell:	Dreiradschlepper N 20
Baujahr/Prod.-Zeitraum:	1939–1942
PS/kW:	22/16,1
Hubraum (ccm):	2198
geb. Stückzahl:	250

Die Hamburger Karl Ritscher GmbH begann nach dem Ersten Weltkrieg, Raupenschlepper und Traktoren zu bauen. Diese Fahrzeuge zeichneten sich durch ihre zum Teil dreirädrige Bauweise aus, was zu einem besonderen Merkmal dieses Herstellers wurde. Mitte der 1930er Jahre war die Zeit der klassischen Ritscher-Dreiradschlepper, die zunächst mit einem Kämper-Dieselmotor mit 14 PS, ab 1939 mit dem bewährten wassergekühlten Zweizylinder-Diesel F 2 M 414 von Deutz bestückt wurden – hier ein Modell von 1941.

SAME

Die italienische Firma SAME (Società Anonima Motori Endothermic) wurde Ende der 1930er Jahre gegründet. Nach bescheidenen Anfängen baute dieser Hersteller ab 1951 überwiegend luftgekühlte, im Baukastensystem gefertigte Traktoren mit Ein- bis Vierzylinder-Dieselmotoren. Nach und nach bot man alle Modelle auch als Allradvariante an. Diesen technischen Vorsprung konnte SAME lange halten. 1959 folgte eine weitere Innovation: die Firma baute erstmals eine hydraulische Tiefeneinstellung ein. 1966 erschien die Centauro-Traktorreihe, die maßgeblichen Anteil am Markterfolg dieses Herstellers hatte. 1969 wurde SAME wegen steigenden Kapitalbedarfs zur Aktiengesellschaft umgebaut. Trotzdem geriet die Firma unter wachsenden Konkurrenzdruck. Erst durch die Übernahmen von Lamborghini (1972) und Hürlimann (1977) konnte SAME eine gewichtige Rolle auf dem europäischen Traktorenmarkt einnehmen. Abgebildet ist der SAME Centauro 60, der bis 1975 produziert wurde.

Modell:	SAME Centauro 60
Baujahr/Prod.-Zeitraum:	1966–1975
PS/kW:	60/43,9
Hubraum (ccm):	3620
geb. Stückzahl:	–

SAME Atlanta 45

Der SAME-Schlepper Atlanta zählte leistungsmäßig zur Mittelklasse. Er war mit einem Vierzylinder-V-Dieselmotor mit Direkteinspritzung und Luftkühlung ausgerüstet, der seine maximale Drehzahl bei 2000 U/min entwickelte. Sechs Vorwärtsgänge und drei zusätzliche Kriechgeschwindigkeiten zwischen 0,7 und 25,5 km/h standen in dem aus eigener Herstellung stammenden Triebwerk zur Verfügung. Hier ein mit 11-28er-Hinterreifen bestückter Standardschlepper aus dem Jahr 1973.

Modell:	SAME Atlanta 45
Baujahr/Prod.-Zeitraum:	1969–1975
PS/kW:	42/30,7
Hubraum (ccm):	3400
geb. Stückzahl:	–

Schlüter

Modell:	Schlüter DS 25 B
Baujahr/Prod.-Zeitraum:	1948–1954
PS/kW:	25/18,3
Hubraum (ccm):	3116
geb. Stückzahl:	4085

Die 1898 gegründete Anton-Schlüter-Motorenfabrik aus Freising stieg 1937 in die Schlepperbranche ein. Bald schon stand der Name für Unverwüstlichkeit. Nach dem Zweiten Weltkrieg präsentierte die Firma ein breites Angebot im Bereich von 15 bis 55 PS. Trotz sinkenden Marktanteils fertigte Schlüter Ende der 1950er Jahre ein neues Programm, das auch den Kleinschlepper SL 15 enthielt. Das Unternehmen konzentrierte sich später auf die obere Leistungsklasse, die kleineren Modelle wurden Anfang der 1970er Jahre fallen gelassen. Schlüter wurde zum Marktführer der schweren Klasse. Hier abgebildet ist ein Traktor mit Windschutzscheibe von 1953, der Schlüter DS 25 B.

Schlüter AS 18 E

Modell:	Schlüter AS 18 E
Baujahr/Prod.-Zeitraum:	1954–1956
PS/kW:	18/13,2
Hubraum (ccm):	1610
geb. Stückzahl:	1600

Den Schlüter AS 18 gab es auch als Ausführung E, hier ein 1956 gebautes Fahrzeug, in einer schnellen fünfgängigen Getriebeausführung mit 29,9 km/h Höchstgeschwindigkeit und großen Hinterrädern. Zu diesem Zweck konnte der 1450 kg schwere Traktor mit einer Druckluftbremsanlage ausgerüstet werden. Es gab ihn mit Zapfwelle, Riemenscheibe, Mähwerk, Wetterdach und vielen anderen Zubehörteilen.

Schlüter Super 1500 VL Spezial Allrad

Modell:	Schlüter Super 1500 VL Spezial Allrad
Baujahr/Prod.-Zeitraum:	1966
PS/kW:	130/95,2
Hubraum (ccm):	9504
geb. Stückzahl:	2

Der Super 1500 war das derzeit gewaltigste Kraftpaket, das bei der Konkurrenz seinesgleichen suchte. Diesen mit einem wassergekühlten Achtzylinder-Viertakt-Dieselmotor von Schlüter motorisierten Schlepper gab es ausschließlich mit Allradantrieb. Der Traktor besaß eine Regelhydraulik, und sein Kraftheber hatte 3000 kg Hubkraft an der Ackerschiene. Vorhanden war ein synchronisiertes Schaltgetriebe mit zwölf Vorwärts- und sechs Rückwärtsgängen mit lastschaltbarer Zwischengruppe. Serienmäßig eingebaut war eine ebenfalls lastschaltbare Motorzapfwelle. Zum Sonderzubehör gehörte der bequeme und gut abgefederte „Farmer-Clubsessel", der hier zu sehen ist.

Schlüter Profi Trac 3000 TVL

Eine Aufsehen erregende Neuheit war der 1973 vorgestellte Profi Trac 3000 TVL, ein Koloss mit 280 PS Motorleistung, der damit mehr als doppelt so stark wie die Spitzenmodelle der meisten Konkurrenten war. In Ermangelung eines geeigneten eigenen Antriebsaggregats musste Schlüter erstmals auf einen Sechszylinder-Turbodiesel von MAN zurückgreifen. Das in zwei Schaltgruppen unterteilte ZF-Getriebe konnte wahlweise mit acht oder 16 Vorwärtsgängen und zwei oder vier Rückwärtsgängen bezogen werden. Neu waren die hydraulisch kippbare Kabine und die Allradlenkung. Vom 3000 TVL gingen zwölf der 13 gebauten Einheiten nach Jugoslawien; das hier gezeigte 13. Exemplar aus dem Jahr 1977 wurde von einem belgischen Besteller gekauft.

Modell:	Schlüter Profi Trac 3000 TVL
Baujahr/Prod.-Zeitraum:	1975–1977
PS/kW:	280–300/205–219,6
Hubraum (ccm):	11 045
geb. Stückzahl:	13

Schlüter Profi Trac 5000 TVL

In lediglich einem Exemplar wurde 1978 ein noch weitaus stärkeres Fahrzeug gebaut. Es handelte sich um den Profi Trac 5000 TVL, ein Gigant mit einem wassergekühlten MAN Zwölfzylinder-V-Direkteinspritz-Diesel. Bei diesem gewaltigen doppelbereiften Fahrzeug bestand eine weitgehende konstruktive Anlehnung an den 3500 TVL. Der 5000 TVL verfügte über acht Vorwärtsgänge und einen Rückwärtsgang bis maximal 29,8 km/h und brachte 18 000 kg Leergewicht auf die Waage. Es war gleichzeitig der größte und stärkste jemals in Europa gebaute Traktor.

Modell:	Schlüter Profi Trac 5000 TVL
Baujahr/Prod.-Zeitraum:	1978
PS/kW:	500/366
Hubraum (ccm):	29 911
geb. Stückzahl:	1

Steyr

Steyr, der bedeutendste Traktorenhersteller Österreichs, entwickelte 1945 eine robuste, einfach zu fertigende Dieselmotorbaureihe. Aus diesen Anfängen entstand in den 1950er Jahren ein Programm solider und ausgereifter Schlepper in nahezu allen Leistungsklassen. Neben den von den Standardfahrzeugen abgeleiteten Schmalspurschleppern etablierten sich vier Grundmodelle zwischen 18 und 60 PS. Die Motoren und Triebwerke waren Eigenkonstruktionen. Zwischen 1956 und 1964 gelang der Firma mit dem Kleinschlepper Steyr 84 ein Exportschlager. Hier zu sehen ist das erste österreichische Nachkriegsmodell mit kurzem Radstand, das mit einem Zweizylinder-Viertakt-Reihen-Vorkammer-Dieselmotor mit Wasserkühlung bestückt war. Ein Fünfganggetriebe mit Rückwärtsgang ermöglichte 24,4 km/h Höchstgeschwindigkeit.

Modell:	Steyr 180
Baujahr/Prod.-Zeitraum:	1947–1950
PS/kW:	26/19
Hubraum (ccm):	2661
geb. Stückzahl:	gesamt 25 302

Steyr 180

Ab 1950 wurde die Motorleistung des Steyr 180 durch Drehzahlerhöhung auf 1600 U/min um vier zusätzliche PS gesteigert. Ansonsten blieb dieser bewährte Traktor, der vor allem für mittlere und größere Höfe vorgesehen war, unverändert. Es war ein Universalschlepper mit großer Zugkraft und 1800 kg Gewicht, der über Riemenscheibe, Getriebezapfwelle, Mähantrieb, Lenkbremsen und weiteres Zubehör verfügte. Ab 1950 gab es gegen Aufpreis ein Verdeck sowie eine Hydraulik eigener Konstruktion. Hier ein Fahrzeug mit Wetterdach aus dem Jahr 1953.

Modell:	Steyr 180
Baujahr/Prod.-Zeitraum:	1950–1953
PS/kW:	30/22
Hubraum (ccm):	2661
geb. Stückzahl:	gesamt 25 302

Steyr 80

Modell:	Steyr 80
Baujahr/Prod.-Zeitraum:	1950–1964
PS/kW:	15/11
Hubraum (ccm):	1330
geb. Stückzahl:	45 068

Der Steyr-Schlepper Modell 80 war ein überaus solider Traktor, robust und langlebig, der sich mit einem minimalem Wartungsaufwand zufrieden gab. Bei den Kunden war dieses Fahrzeug sehr beliebt, was vor allem durch seine lange Bauzeit zum Ausdruck kam. Der Steyr 80 wurde schon bald mit einem serienmäßig eingebauten elektrischen Anlasser geliefert; daneben besaß er eine Differenzialsperre, Lenkbremsen und Getriebezapfwelle. Der Mähantrieb – hier ein gut restauriertes Exemplar von 1960 mit Seitenmähwerk – konnte unabhängig von der Zapfwelle ein- und ausgeschaltet werden.

Steyr 80 a

Beim Steyr-Schlepper 80 a handelt es sich um eine Ausführung mit großen 8-36er-Hinterrädern, die Vor allem für Hackfrucht- und Pflegearbeiten sowie für Landwirtschaften in der Ebene Verwendung finden sollte, wo ein tiefer Schwerpunkt nicht unbedingt ausschlaggebend war. Der Typ 80 a besaß aufgrund seiner hohen Bereifung eine große Bodenfreiheit und zudem eine noch bessere Zugkraft als das Standardmodell 80. Ansonsten war er mit dem Standardschlepper weitgehend identisch. Hier ein prächtig restauriertes Fahrzeug aus dem Jahr 1950.

Modell:	Steyr 80 a
Baujahr/Prod.-Zeitraum:	1950–1956
PS/kW:	15/11
Hubraum (ccm):	1330
geb. Stückzahl:	14 357

Steyr 280

Mit 60 PS Motorleistung war der ab 1952 erhältliche Steyr 280 sozusagen das beste Pferd im Steyr-Stall, im übrigen auch ein zu jener Zeit leistungsmäßig zur absoluten Spitze gehörender schwerer Schlepper. Er war werksseitig als ein „König unter den Traktoren" angekündigt worden, und dieser 3100 kg schwere Gigant hielt, was er versprach. Sein aus der Steyr-Baukastenreihe stammender Dieselmotor hatte vier Zylinder, der seine Höchstleistung bei 1650 U/min abgab. Er war tatsächlich ausschließlich Großbetrieben vorbehalten, oder er wurde als Zugmaschine mit Druckluftbremsanlage im Straßenverkehr eingesetzt. Serienmäßig war er mit einem Fünfganggetriebe bestückt; auf Wunsch gab es ihn auch mit sieben Vorwärtsgängen. Hier ein Fahrzeug von 1952.

Modell:	Steyr 280
Baujahr/Prod.-Zeitraum:	1952–1957
PS/kW:	60/43,9
Hubraum (ccm):	5322
geb. Stückzahl:	826

Steyr 84 a

Insbesondere für den Export wurde 1956 das in manchen Details veränderte Modell 84 a vorgestellt. Es handelte sich im Grunde um eine modifizierte Version des Steyr 80 mit größeren Reifen, besserer Ausstattung und eleganterer Motorhaube. Durch die höhere Bereifung wurde eine deutlich verbesserte Bodenfreiheit erreicht, was vor allem für Bestell- und Pflegearbeiten von Bedeutung war. Hier ein vorbildgetreu restaurierter Traktor von 1960.

Modell:	Steyr 84 a
Baujahr/Prod.-Zeitraum:	1956–1964
PS/kW:	15/11
Hubraum (ccm):	1330
geb. Stückzahl:	19796

Steyr N 180 a

Das Modell Steyr N 180 a hatte seinen Ursprung bereits in dem 1947 erstmals ausgelieferten Typ 180. Im Zuge der Weiterentwicklung dieses Traktortyps stieg zunächst die Motorleistung auf 30 PS. Neben besser abgestuften Triebwerken mit mehr Gangstufen konnte in viele dieser Varianten auf Wunsch auch eine Motorzapfwelle mit Doppelkupplung eingebaut werden. Die Version N 180 a war gegenüber früheren Fahrzeugen deutlich niedriger ausgefallen und verfügte damit über einen tieferen Schwerpunkt. Zum Einbau gelangte der wassergekühlte Zweizylinder-Steyr-Diesel WD 213, der seine größte Leistung bei 1600 U/min erreichte. Die Vorderachse besaß doppelte Querblattfedern. Hier ein 1961 gebautes Fahrzeug.

Modell:	Steyr N 180 a
Baujahr/Prod.-Zeitraum:	1959–1963
PS/kW:	30/22
Hubraum (ccm):	2661
geb. Stückzahl:	3715

Steyr 188

Das ab 1960 angebotene Mittelklasse-Modell 188 von Steyr verfügte über den wassergekühlten Zweizylinder-Viertakt-Dieselmotor WD 209 sowie ein Triebwerk mit acht Vorwärts- und sechs Rückwärtsgängen. Erstmals bei einem Steyr-Schlepper war die Hydraulik serienmäßig erhältlich. Sie war mit einem Raddruckverstärker von Bosch ausgerüstet, der einen Teil des Gerätegewichts auf die Hinterräder übertragen konnte und somit die Zugkraft des Schleppers wesentlich erhöhte. Der Steyr 188 mit 1390 kg Gewicht hatte eine sehr ansprechende Wespentaillenbauform.

Modell:	Steyr 188
Baujahr/Prod.-Zeitraum:	1960–1966
PS/kW:	28/20,5
Hubraum (ccm):	1991
geb. Stückzahl:	23 223

Steyr 190 s

Modell:	Steyr 190 s
Baujahr/Prod.-Zeitraum:	1965–1968
PS/kW:	36/26,4
Hubraum (ccm):	2260
geb. Stückzahl:	377

Der ab 1965 produzierte Steyr 190 s war die Schmalspurvariante des Mittelklasse-Traktors Steyr 190. Er verfügte ebenso wie dieser über den Dreizylinder-Steyr-Diesel WD 306/a mit Wasserkühlung, wahlweise über ein 8/6 oder 12/6-Getriebe und serienmäßig über drei unterschiedliche Zapfwellen und die mit einem Bosch-Steuergerät versehene Steyr-Regelhydraulik. Er wog 1550 kg, und die Spurweite war mehrfach verstellbar. Dieses Fahrzeug ist von 1966.

Steyr 290

Der Steyr 290 war seinerzeit das stärkste von diesem Hersteller angebotene Modell. Bis auf den stärkeren Motor bestand eine große Ähnlichkeit mit dem Typ 288. Der Antrieb erfolgte durch den wassergekühlten Vierzylinder-Steyr-Dieselmotor WD 406 a; das Getriebe verfügte wahlweise über jeweils acht oder zwölf Vorwärts- und Rückwärtsgänge. Das Gewicht betrug 1970 kg.

Modell:	Steyr 290
Baujahr/Prod.-Zeitraum:	1966
PS/kW:	50/36,6
Hubraum (ccm):	3017
geb. Stückzahl:	2265

Ursus

Die Warschauer Ursus-Werke wurden 1893 gegründet. Ab 1902 baute man Verbrennungsmotoren, später Dieselmotoren mit Leistungen von 70 bis 600 PS. Nach dem Ersten Weltkrieg präsentierte Ursus mit dem International Titan 10/20 den ersten polnischen Schlepper. Anfang der 1930er Jahre wurde die Firma verstaatlicht und musste in der Folge vor allem Rüstungsgüter und Panzer produzieren. Nach 1945 nutzte Ursus die in Polen entstandenen Produktionsanlagen der Mannheimer Lanz-Werke als Grundstein der eigenen Bulldog-Produktion. Um eine Hungersnot zu verhindern, entschied man sich schnell für den Nachbau des Lanz-Ackerluft-Bulldogs D 9506. Hier ein schöner C 45 mit Druckluft-Bremsanlgae aus dem Jahr 1954.

Modell:	Ursus C 45
Baujahr/Prod.-Zeitraum:	1947–1955
PS/kW:	45/32,9
Hubraum (ccm):	10 338
geb. Stückzahl:	gesamt 60 000

Ursus C 45

Der dem Lanz-Bulldog D 9506 nachgebaute Ursus C 45 entsprach im Gesamtaufbau und äußerem Erscheinungsbild haargenau seinem Vorbild. Auch der Glühkopfmotor wies keine Abweichungen auf. Ebenso verhielt es sich mit dem Schaltgetriebe, das über sechs Vorwärts- und zwei Rückwärtsgänge verfügte. Der abgedeckte Geschwindigkeitsbereich lag dabei zwischen 3,3 und 16,7 km/h. Hier ein Fahrzeug mit Windschutzscheibe, Hinterradkotflügeln und dem charakteristischen, auch beim Ursus vorhandenen Doppelkegel-Auspuff aus dem Jahre 1949.

Modell:	Ursus C 45
Baujahr/Prod.-Zeitraum:	1947–1955
PS/kW:	45/32,9
Hubraum (ccm):	10 338
geb. Stückzahl:	gesamt 60 000

UTB

Modell:	UTB Universal 530
Baujahr/Prod.-Zeitraum:	1963–1970
PS/kW:	55/40,3
Hubraum (ccm):	2574
geb. Stückzahl:	–

Die aus einem rumänischen Rüstungsbetrieb entstandene Firma Firma Uzina Tractorul Brasov (UTB) begann 1946 mit dem Bau von Ackerschleppern. Es entstanden einfache, robuste Traktoren, die wegen ihres niedrigen Verkaufspreises nicht nur in der einheimischen Landwirtschaft Verwendung fanden. Sie entwickelten sich zu einem guten Exportartikel und Devisenbringer. Ende der 1960er Jahre kam es zu einem Lizenzvertrag mit FIAT, der schon früher Motoren für UTB geliefert hatte. Das Modell UTB Universal 530 verfügte über einen wassergekühlten Dieselmotor mit drei Zylindern, ein Achtganggetriebe für den Bereich von 2,2 bis 22,3 km/h und wog 2531 kg.

UTB Universal 600

Der UTB 600 war ein zugstarker Traktor mit Getriebe- und Motorzapfwelle, genormter Dreipunkthydraulik und hydraulischer Lenkhilfe. Der mit einem wassergekühlten Vierzylinder-Fiat-Dieselmotor bestückte Traktor erzeugte seine Maximalleistung bei 2400 U/min und hatte ein gut abgestuftes Zwölfganggetriebe mit drei Rückwärtsgängen aus eigener Herstellung im Geschwindigkeitsbereich von 1,2 bis 25,1 km/h. Das Gewicht dieses Ackerschleppers – hier ein 1968 gebautes und in den Niederlanden beheimatetes Fahrzeug – betrug 2735 kg.

Modell:	UTB Universal 600
Baujahr/Prod.-Zeitraum:	1964–1972
PS/kW:	60/43,9
Hubraum (ccm):	3120
geb. Stückzahl:	–

VEVEY

Die schweizerische Firma Vevey wurde 1895 gegründet und konzentrierte sich zunächst auf den Bau von Wasserturbinen, Pumpen, Kompressoren und den allgemeinen Maschinenbau. 1936 wurde der erste Traktor, der Typ V 2 mit 25 PS, fertiggestellt. Nach dem Zweiten Weltkrieg erweiterte Vevey die Produktion. Das Modell 583, das eine neu gestaltete Frontverkleidung erhalten hatte, wurde ab 1952 gebaut. Es war mit unterschiedlichen Motoren erhältlich, wobei die Ausführung 583 D den Dreizylinder-Perkins-Direkteinspritz-Dieselmotor P3 erhielt. Das 1450 kg schwere Fahrzeug hatte ein Fünfganggetriebe mit Rückwärtsgang und serienmäßig eine Zweigang-Zapfwelle. Der hier abgebildete Traktor ist von 1955.

Modell:	Vevey 583 D
Baujahr/Prod.-Zeitraum:	1952–1956
PS/kW:	35/25,6
Hubraum (ccm):	2360
geb. Stückzahl:	mehr als 500

Vierzon

Die Firma SFV (Société Française de Matériel Agricole et Industriel de Vierzon) hatte bereits vor dem Zweiten Weltkrieg in größerem Umfang Ackerschlepper mit einzylindrigem Glühkopfmotor nach Vorbild des Lanz-Bulldogs gebaut. 1947 lief die Produktion, die sich von den Vorkriegsmodellen in technischer Hinsicht kaum unterschied, wieder an. Ganz in der Tradition französischer Traktorhersteller baute Vierzon leichtere Fahrzeuge, die den Bedingungen der vielen Kleinbauernhöfe Rechnung trugen. Hier ein Vorkriegsmodell mit 38 PS und Dreiganggetriebe.

Modell:	Vierzon H 1
Baujahr/Prod.-Zeitraum:	1934–1942
PS/kW:	38/27,8
Hubraum (ccm):	10 335
geb. Stückzahl:	–

Vierzon 302

Modell:	Vierzon 302
Baujahr/Prod.-Zeitraum:	1950–1956
PS/kW:	30/22
Hubraum (ccm):	5346
geb. Stückzahl:	–

Der Glühkopfbulldog Vierzon 302 – hier ein restauriertes Fahrzeug in der luftbereiften Ackerausführung von 1951 – verfügte über ein Fünfganggetriebe, dessen Geschwindigkeitsbereich zwischen 3,5 und 20 km/h lag. Der Einzylinder-Zweitakt-Glühkopf-Diesel erreichte seine Höchstleistung bei 800 U/min. Sein Bau erfolgte im Werk Le Creusot.

Vierzon 551

Modell:	Vierzon 551
Baujahr/Prod.-Zeitraum:	1951–1956
PS/kW:	52/38,1
Hubraum (ccm):	12 760
geb. Stückzahl:	–

Im Jahre 1951 entstand mit dem Modell 551 der größte Glühkopfschlepper dieses Herstellers. Dieses Fahrzeug wurde leistungsmäßig nur noch durch den Typ 552 von 1956, der 57 PS leistete und in nur 33 Exemplaren auf Bestellung gefertigt wurde, geringfügig übertroffen. Der im Werk Luneville gebaute 551 hatte ein Gewicht von 3650 kg, ein Fünfganggetriebe mit Rückwärtsgang und eine Gesamtlänge von 3450 mm. Dieser hier ist von 1951.

Vierzon 201

Der 201 war ein kleiner handlicher Traktor mit neuer Karosserie, serienmäßig mit einem elektrischen Anlasser und hydraulischem Kraftheber ausgerüstet und das erfolgreichste Modell seiner Leistungsklasse in Frankreich. Er war als wassergekühlter Vierzylinder-Halbdiesel ausgeführt, wog 1100 kg und war auch in einer Schmalspurausführung erhältlich. Er musste mit Benzin gestartet und nach einer Warmlaufphase auf Diesel umgestellt werden.

Modell:	Vierzon 201
Baujahr/Prod.-Zeitraum:	1953–1959
PS/kW:	18/13,2
Hubraum (ccm):	3209
geb. Stückzahl:	–

Zetor

Die Firma Zetor aus Brno entstand nach dem Zweiten Weltkrieg aus einem Rüstungsbetrieb. Der Bau von Traktoren wurde zur Staatssache, da die entwicklungsbedürftige Landwirtschaft der CSSR dringend Ackerschlepper brauchte. Schon 1946 konnte das Modell Zetor 25 – ein unkomplizierter, sehr robuster Blockbauschlepper – präsentiert werden. Das sehr gute Preis-Leistungsverhältnis machte die Zetor-Traktoren in den folgenden Jahrzehnten zu beliebten Exportartikeln – etwa drei Viertel der Produktion ging ins Ausland. Der Zetor 25 – hier ein gut restauriertes Exemplar von 1951 – wurde von einem wassergekühlten Zweizylinder-Dieselmotor angetrieben und war bereits mit einem Sechsganggetriebe bestückt.

Modell:	Zetor 25
Baujahr/Prod.-Zeitraum:	1946–1955
PS/kW:	26/19
Hubraum (ccm):	2080
geb. Stückzahl:	158 000

Zetor 4511

Modell:	Zetor 4511
Baujahr/Prod.-Zeitraum:	1959–1968
PS/kW:	45/32,9
Hubraum (ccm):	3118
geb. Stückzahl:	–

Ende der 1950er Jahre erschien eine neue Traktorenbaureihe mit neu entwickelten Zwei-, Drei- und Vierzylinder-Direkteinspritz-Dieselmotoren mit Wasserkühlung aus eigener Fertigung auf dem Markt. Das leistungsstärkste Fahrzeug war das Modell 4511 mit 2480 kg Gewicht, das mit einem Zetor-Getriebe mit zehn Vorwärts- und zwei Rückwärtsgängen bestückt war. Die ersten beiden Fahrstufen waren als Kriechgänge ausgelegt. Die Höchstgeschwindigkeit des Traktors betrug 25,6 km/h, und die Hinterräder hatten die Größe 13-28. Es waren sehr formschöne Fahrzeuge, die – wie immer – auch im Export großen Anklang fanden.

Zetor 50 Super

Der im Jahr 1960 erstmals vorgestellte Zetor 50 Super war der erste Zetor-Schlepper, der mit einem Vierzylinder-Dieselmotor ausgerüstet war. Dieser wassergekühlte Motor hatte eine Höchstdrehzahl von 1500 U/min und ein Gewicht von 3120 kg. In diesem Modell war ein Achtganggetriebe mit zwei Rückwärtsgängen eingebaut. Dieses hubraumstarke Fahrzeug konnte sich lange Zeit durch gute Nachfrage im Verkaufsprogramm halten. Hier ein tadellos restauriertes Fahrzeug aus dem Jahr 1967.

Modell:	Zetor 50 Super
Baujahr/Prod.-Zeitraum:	1960–1968
PS/kW:	50/36,6
Hubraum (ccm):	4160
geb. Stückzahl:	–

Zetor 5748 Allrad

Modell:	Zetor 5748 Allrad
Baujahr/Prod.-Zeitraum:	1971–1984
PS/kW:	63/46,1
Hubraum (ccm):	3456
geb. Stückzahl:	–

Anfang der 1970er Jahre ging Zetor dazu über, auch vierradgetriebene Traktoren herzustellen. Eines der ersten Modelle war der Allradtraktor 5748, der mit einem wassergekühlten, nach dem Direkteinspritzverfahren arbeitenden Vierzylinder-Zetor-Dieselmotor mit 2200 U/min Höchstdrehzahl bestückt war. Das Getriebe verfügte inklusive der Zwischengänge über insgesamt 20 Schaltstufen und deckte damit den Bereich von 1,1 bis 24,4 km/h ab. Das Gewicht dieses sehr kompakten Allradschleppers – hier ein 1972 gebautes Fahrzeug mit geschlossener Fahrerkabine – betrug 2900 kg.

ZETTELMEYER

Die 1902 von Hubert Zettelmeyer in Konz bei Trier gegründete Maschinenfabrik befasste sich zunächst mit dem Bau von Dampf-, später Motorstraßenwalzen. Ab 1935 begann man mit der Herstellung von Ackerschleppern, um sich ein zweites, zukunftsträchtiges Standbein zu schaffen. Das erste Fahrzeug war das Modell Z 1, eine Blockkonstruktion mit Vierganggetriebe und Luftbereifung. Serienmäßig besaß der Z1 eine Zapfwelle, Riemenscheibe und Mähwerk. Sein Nachfolger Z 2, der hier abgebildet ist, war besonders im Güternahverkehr und bei vielen Gewerbetreibenden sehr beliebt. 1942 musste die Produktion dieses Fahrzeugs eingestellt werden.

Modell:	Zettelmeyer Z 2
Baujahr/Prod.-Zeitraum:	1936–1942
PS/kW:	20/14,6
Hubraum (ccm):	2028
geb. Stückzahl:	–

Register

Advance-Rumely Oil Pull Type H 1918 14
Agrotron 200 MK 3 77
AgroXtra 6.17 76
Allgaier AP 17 15
Allgaier R 22 16
Allis-Chalmers B 18
Allis-Chalmers G 21
Allis-Chalmers WC 17
Allis-Chalmers WD 20
Allis-Chalmers WF 19

Bautz AL 180 22
Belarus MTS 5 MC 25
Belarus MTZ 5 MS 23
Belarus T 40 24
BM 350/Volvo T 350 Boxer 31
BM Viktor/Volvo T 230 28
BM/Volvo T 350 29
BM/Volvo T 430 Buster 34
Bolinder-Munktell-Volvo BM 55 27
Bolinder-Munktell-Volvo T 21 26
Bucher D 2000 35
Bucher D 4000 36
Bührer GM 29 Super Six 40
Bührer MFD 4 38
Bührer Spezial TO 4 37
Bührer Standard MS 12 39
Bukh 302 42
Bukh DZ 30 41

Case 10-18 Crossmotor 43
Case IH 433 47
Case IH 644 46
Case IH 856 XL 48
Case IH CVX 1170 49
Case IH MX 285 50
Case IH STX 375 Quadtrac 51
Case Modell DC 44
Case Modell DEX 45
Challenger MT 745 52
Challenger MT 755 53
Cockshutt K 20 54
Cropmaster 25 C 55

David Brown 50 D 56
David Brown 900 57
David Brown 996 59
David Brown Typ 750 58
Deutz D 15 Plantage 70
Deutz D 30 S 71
Deutz D 40 UF 69
Deutz D 7206 74
Deutz D 8005 72
Deutz D 8006 A 73
Deutz F 1 L 514/51 67
Deutz F 1 M 414/46 66
Deutz F 2 M 315 65
Deutz F 4 L 514/4 68
DX 120 75

Eicher 3105 84
Eicher EA 600 Mammut II Allrad 82
Eicher ED 22/I 78
Eicher ED 50/I 80
Eicher EM 200 Tiger 81
Eicher EM 500 Mammut I 83
Eicher Königstiger 2070 Allrad 85
Eicher L 28 79

Fahr D 12 N 87
Fahr D 177 S 90
Fahr D 400 89
Fahr D 90 H 88
Fahr F 22 86
Farmall Cub 156
Farmall D 214 163
Farmall F 12 151, 152
Farmall H 154
Farmall M 155
Farmall Regular, Ackerschlepper 150
Farmall Super A 157
Farmall Super FCD 158
Farmall-Diesel DGD 4 162
Fendt Dieselross F 15 H 92
Fendt Dieselross F 24 L 94
Fendt Dieselross F 40 93
Fendt Dieselross G 25 91
Fendt F 250 GT 97
Fendt F 395 GTA Freisicht-Traktor 98
Fendt Farmer 309 99
Fendt Favorit 3 96
Fendt Favorit 711 Vario 100
Fendt Favorit 930 Vario TM 5 101
Fendt Fix 2 95
Ferguson FE 35 103
Ferguson TE 20 102
Fiat 211 R 105
Fiat 215 106
Fiat 215 Hi-crop-Ausführung 107
Fiat 540 Spezial 108

Fiat Typ 600 104
Field Marshall MK III a 218
Fordson Dexta 115
Fordson E 27 N 112
Fordson E 27 N
Roadless E 113
Fordson F, Ackerschlepper
109
Fordson N 111
Fordson N, Ackerausführung
110
Fordson Power Major 114
Fordson Super Major 51 X
117
Fordson Super Major
Allrad 116

Grunder Typ E 118
Güldner A 20 119
Güldner ABL 121
Güldner ADS 120
Güldner G 40 122
Güldner G 75 A 123

Hanomag Granit 500 135
Hanomag R 16 A 133
Hanomag R 28 B 132
Hanomag R 324 E 134
Hanomag R 40 129
Hanomag R 40 B 131
Hanomag R 40 Holzgas
130
Hanomag RL 20 128
Hanomag Robust 900
Allrad 136
Hanomag SR 45 127
Hanomag WD-Radschlepper
R 28/32 124
Hanomag WD-Radschlepper
R 28/32, Verkehrsausführung 125
Hanomag-Kettenschlepper
K 50 126
Hart-Parr 18-36, Ackerschlepper 137
Hela D 117 139
Hela D 40 138
HSCS Le Robuste R 30/35
140
Hürlimann D 100 142
Hürlimann D 130 A 146
Hürlimann D 400 141
Hürlimann D 50 143
Hürlimann D 90 145
Hürlimann H 12 144

IH 353 166
International 10-20 Titan
148
International 8-16 Mogul
147

JCB 3190 167
John Deere 10-20 GP 168
John Deere 2450 178
John Deere 40 175
John Deere 4020 177
John Deere 5315 180
John Deere 5820 181
John Deere 6110 179
John Deere 70 176
John Deere 7820 183
John Deere 7920 182
John Deere 8120 184
John Deere 8520 185
John Deere A 171
John Deere B 169, 172
John Deere D 170, 173
John Deere MC 174
John Deere-Lanz 300 186
John Deere-Lanz 500 187

Köpfli Trumpf 188
Kramer K 18–20 189
Kramer KB 12 190

Landini L 25 192
Landini Landinetta 193
Landini R 4000 195
Landini R 50 194
Landini Super Velite
50/55 PS 191
Lanz 12 PS, Typ HL 196
Lanz 12 PS, Typ HP 197
Lanz 15/30 PS, Typ HR 5
198
Lanz 22/38 PS, Typ HR 5 199
Lanz 22/38/44 PS, Typ HR 6
200
Lanz D 2216, Typ HE 209
Lanz D 2816, Typ HE 211
Lanz D 6007, Typ HR 210
Lanz-Bulldog D 2539,
Typ HR 9 206
Lanz-Bulldog D 7506,
Typ HN 3 203
Lanz-Bulldog D 7511, Typ
HN 3 201
Lanz-Bulldog D 8500,
Typ HR 7 204
Lanz-Bulldog D 8506,
Typ HR 7 205, 208
Lanz-Bulldog D 9506,
Typ HR 8 207

Lanz-Bulldog D 9531, Typ HR 8 202
Le Percheron T 25 212
Lindner L 20 A 213

MAN 2 K 3 216
MAN 4 R 3 217
MAN A 25 A 214
MAN AS 718 A 215
Massey-Ferguson MF 133 222
Massey-Ferguson MF 185 223
Massey-Ferguson MF 25 220, 221
Massey-Ferguson MF 35 219
Massey-Harris 228
Massey-Harris 102 Junior 229
Massey-Harris 744 D 230
Massey-Harris 820 231
McCormick B 450 160
McCormick CX 105 232
McCormick D 215 164
McCormick D 514 165
McCormick MC 135 Power 6 234
McCormick Super WD 9 159
McCormick ZTX 280 233
McCormick-Deering 10-20, Ackerausführung 149
McCormick-Deering FG 161
McCormick-Deering WD 40 153
MF 2210 224
MF 5465 225
MF 6495 226
MF 8270 Xtra 227
Minneapolis-Moline UTU 235

New Holland TG 285 237
New Holland TM 175 238
New Holland TS 100 236
Normag NG 20 241
Normag NG 22 239
Normag NG 25 Generatorschlepper 240
Nuffield Universal 4 243
Nuffield Universal M 4 242
Nuffield Universal M 4 Allrad 244

Oliver 80 245

Porsche Junior K 246
Porsche Master Typ 419 248
Porsche Standard Star Typ 238 247

Renault R 3042 249
Renault Super 3 252
Renault Super 3 D 253
Renault Super 5 D 251
Renault V 71 250
Ritscher Dreiradschlepper N 20 254
RS 01/40 Pionier 61
RS 03/30 Aktivist 60
RS 04/30 62
RS 14/46 Famulus 46 63

SAME Atlanta 45 256
SAME Centauro 60 255
Schlüter AS 18 E 258
Schlüter DS 25 B 257
Schlüter Profi Trac 3000 TVL 260
Schlüter Profi Trac 5000 TVL 261
Schlüter Super 1500 VL Spezial Allrad 259
Steyr 180 262
Steyr 180 263
Steyr 188 269
Steyr 190 s 270
Steyr 280 266
Steyr 290 271
Steyr 80 264
Steyr 80 a 265
Steyr 84 a 267
Steyr N 180 a 268

Ursus C 45 272, 273
UTB Universal 530 274
UTB Universal 600 275

Vevey 583 D 276
Vierzon 201 280
Vierzon 302 278
Vierzon 551 279
Vierzon H 1 277
Volvo 470 Bison 32
Volvo T 350 Boxer 30
Volvo T 814 33

Zetor 25 281
Zetor 4511 282
Zetor 50 Super 283
Zetor 5748 Allrad 284
Zettelmeyer Z 2 285
ZT 300 D Fortschritt 64